통계 계산

심송용 지음

KYOWOO CO. Publishing 敎友社

머리말

현대 통계학의 많은 분야는 컴퓨터를 사용하지 않을 수 없을 정도로 컴퓨터와 통계학은 밀접한 관계를 가지고 있다. 이 책에서는 통계학에서 자주 사용하는 기본적인 통계 계산 방법을 강의하면서 수치해석 부분과 모사실험 (Simulation)을 같이 정리한 교재가 없어서 강의록을 만들기 시작하여 만들어진 책이다. 따라서 여기서는 통계학에서 자주 사용하는 기본적인 수치 해석과 모사실험에 대해 정리하였다.

현대의 통계학은 응용 범위가 넓어서 통계학을 사용하는 다른 분야에서도 이 책이 도움이 되기 바란다.

이 책에서는 이해를 돕기 위해 필요한 곳에는 가능한한 많은 그림을 싣고 본문에서 그림의 설명을 곁들였으며 알려진 알고리즘은 "알고리즘"으로 따로 정리하였다. 또한 가능한 곳에서는 실제 숫자를 이용하여 알고리즘이 어떻게 적용되는지 보여서 알고리즘에 대한 이해를 쉽게 하였다.

이 책의 구성은 먼저 제 1 장에서 뒤에서 사용할 기본적인 내용들을 담고 기본적인 수치해석 방법으로 선형 연립방정식을 풀기 위한 가우스 소거법 및 그에 관련한 행렬의 LU 분해나 Cholesky 분해는 제 2 장에서, 반복법에 의한 선형 연립 방정식의 풀이는 제 3 장에서 설명하였다. 비선형 연립방정식의 해를 얻기 위한 뉴튼 방법과 그에 관련된 방법들은 제 4 장에서 살펴 보았으며 선형 모형에서 사용하는 최소제곱법의 해를 얻기 위한 행렬의 QR 분해는 제 6 장에서 설명하였다. 고유치 문제는 제 7 장에서, 수치적분법은 제 5 장에서 소개하고 컴퓨터 모사 실험에서 많이 이용하는 난수의 생성 및 검정 등을 제 8 장에 실었다. 또한 Monte Carlo 방법에 의한 적분법도 제 9 장에서 소개하였다. 제 10 장에서는 순위(rank) 통계량과 순서(order) 통계량을 얻으려고 할 때 사용할 순서화 알고리즘과 순위를 얻는 방법에 대하여 설명하였다. 본문에서 마저 설명하지 못한 부분이나 보충할 부분은 연습 문제 형식으로 각 장의 끝에 싣고 필요한 풀이는 이 책의 마지막에 넣었다.

2006년 11월 14일

심송용

목 차

그림 차례 **ix**

제 1 장 서론 **1**

1.1. 행렬 1
1.2. 벡터와 행렬의 norm 8
1.3. 오차의 확대 11
1.3.1. 합과 차 11
1.3.2. 다항식 13
1.4. 표본 분포와 기대값 14

제 2 장 소거법 **21**

2.1. 가우스 소거법 21
2.2. Triangular system 25
2.3. 행렬의 분해 28
2.4. 피보팅(Pivoting) 30
2.5. 대칭행렬과 Cholesky 분해 33

제 3 장 반복법 **39**

3.1. Jacobi 방법 41
3.2. Gauss-Seidel 방법 43
3.3. Relaxation 방법 46

3.4. 수렴 48

제 4 장 비선형 방정식 55

4.1. 고정점 알고리즘 55

4.2. 뉴튼 방법 58

4.2.1. 변형된 뉴튼 방법 60

4.2.2. Secant 방법 61

4.3. Bisection method 62

4.4. 수렴 65

4.5. 연립방정식의 뉴튼 방법 71

4.6. 뉴튼 방법의 변형 75

4.6.1. 변형된 뉴튼 방법 75

4.6.2. Jacobi 방법 76

4.6.3. Gauss-Seidel 방법 76

4.6.4. SOR 방법 76

4.7. 수렴 77

제 5 장 수치 미분과 적분 81

5.1. 수치 미분 81

5.2. 사다리꼴 공식과 사각형법 85

5.3. 심슨 공식 90

제 6 장 행렬의 QR 분해와 최소제곱법 95

6.1. 직교 행렬과 QR 분해 95

6.2. Householder reflection 96

6.3. Givens rotation 103

6.4. 선형 연립방정식 109

6.5. 선형모형과 최소제곱법 109

제 7 장 고유치 문제 119
7.1. Power method 119
7.2. QR 방법 125

제 8 장 난수 131
8.1. 일양분포 131
8.1.1. Multiplicative generator 132
8.1.2. Additive congruential generator 133
8.1.3. Shift Register 방법 133
8.2. 역분포함수 방법 136
8.3. 변환법 138
8.4. 합성법 139
8.5. Acceptance-Rejection 방법 140
8.6. Adaptive Rejection Sampling (ARS) 방법 147
8.7. 통계적 분포 149
8.7.1. 정규분포 149
8.7.2. 다변량 정규분포 152
8.7.3. Cauchy 분포 153
8.7.4. 로그정규분포 154
8.7.5. 지수분포 155
8.7.6. 감마분포 157
8.7.7. 베타분포 160
8.7.8. 카이제곱 분포 162
8.7.9. t 분포 163
8.7.10. F 분포 164
8.7.11. Weibull 분포 165
8.8. 이산분포 165
8.8.1. 역분포함수법 165
8.8.2. Alias 방법 166

8.8.3. 통계적 분포 170
8.8.4. 포아송 분포 172
8.8.5. 기하분포 173
8.8.6. 음이항분포 174
8.8.7. 초기하 분포 175
8.9. 다항분포 176
8.10. 적합도 검정 177
8.10.1. 카이제곱 검정 177
8.10.2. Kolmogorov-Smirnov 검정 178
8.10.3. Cramer-von Mises 적합도 검정 179
8.10.4. Up-and Down 검정 179

제 9 장 Monte Carlo 적분 183

9.1. Hit or Miss Monte Carlo 알고리즘 183
9.2. 평균 Monte Carlo 알고리즘 187
9.3. 분산 줄이기 190
9.3.1. Importance sampling 190
9.3.2. Antithetic 변수 사용 192

제 10 장 순차 배열과 순서 통계량 193

10.1. Selection Sort 193
10.2. Bubble Sort 195
10.3. Quick Sort 196
10.4. 비교 199
10.5. 순서화와 순위 통계량 199

제 11 장 백분위수와 분포함수 구하기 203

11.1. 정규분포 203
11.2. t-분포 204
11.3. F–분포 205

11.4. 카이제곱(χ^2) 분포 205

부록 A 통계분포표 **209**

A.1. 각 분포의 분포표 210

부록 B 연습문제 해답 **221**

참고문헌 **231**

찾아 보기 **235**

그림 목차

1.1 이차원에서의 norm 9

2.1 부분적인 소거가 이루어진 행렬 28
2.2 LU 분해의 저장 29

3.1 반복법의 수렴 방향 50

4.1 $x^4 = \sin x$의 해를 구하는 두 방법 56
4.2 뉴튼 방법 58
4.3 변형된 뉴튼 방법 60
4.4 진동하면서 수렴하는 고정점 알고리즘 65
4.5 뉴튼 방법의 수렴 69

5.1 사각형법과 사다리꼴법 86
5.2 위로 볼록한 경우와 아래로 볼록한 경우의 사다리꼴법 . . . 93

6.1 $\boldsymbol{x}$를 $\boldsymbol{w}$에 프로젝션하기 96
6.2 $\boldsymbol{w}$에 수직인 선으로 대칭 이동 - Householder reflection 97
6.3 $\boldsymbol{x}$의 $\boldsymbol{x} - \boldsymbol{y}$에 수직인 선에 대칭 이동 98
6.4 Givens rotation 106

8.1 Shift register에 의한 비트 생성 134
8.2 역분포함수법 136

8.3 Acceptance Rejection 방법 141
8.4 채택 기각법의 두 가지 경우 144
8.5 Adaptive Rejection Method; $\log(f(x))$를 덮는 함수 $\log(g(x))$를 난수를 하나씩 만들 때 마다 점점 $\log(f(x))$에 가깝게 한다. . 148
8.6 Alias 방법 169

9.1 Hit or Miss 알고리즘 184

10.1 Selction Sort 194
10.2 Bubble Sort 196
10.3 Quck Sort의 예 198

제 1 장

서론

이 장에서는 이 책에서 사용할 선형대수, 통계적 분포 및 확률이론 등 나중에 이용할 몇 가지 기초적인 분야에 대해서 요약을 해보자.

1.1. 행렬

먼저 이 절에서는 몇 가지 특수한 행렬의 정의와 그에 따른 성질을 알아보자.

행렬 $\boldsymbol{A}$가 $n \times p$차원이면

$$\boldsymbol{A} = \begin{bmatrix} a_{11} & a_{12} & \cdots & a_{1p} \\ a_{21} & a_{22} & \cdots & a_{2p} \\ \vdots & \vdots & \vdots & \vdots \\ a_{n1} & a_{n2} & \cdots & a_{np} \end{bmatrix} \tag{1.1}$$

로 쓴다. 따라서 $\boldsymbol{A}$의 i번째 행의 j번째 열의 원소는 a_{ij}이며 편의상 $\boldsymbol{A} = (a_{ij})_{i=1,2\ldots,n;j=1,2,\ldots,p}$로 간단하게 쓰기도 한다.

행의 수와 열의 수가 같으면, 즉 $n = p$이면 **정방행렬**(square matrix)이라고 한다.

행렬 $\boldsymbol{A}$의 전치행렬(transpose of $\boldsymbol{A}$)은 $\boldsymbol{A}^T$로 나타내고 $\boldsymbol{A}^T$의 i 번째 행의

j번째 열의 원소는 $\boldsymbol{A}$의 j번째 열의 i번째 행의 원소이다. 따라서 식 (1.1)로 주어진 행렬 $\boldsymbol{A}$의 전치행렬 $\boldsymbol{A}^T$는 $p \times n$ 차원이며

$$\boldsymbol{A}^T = \begin{bmatrix} a_{11} & a_{21} & \cdots & a_{n1} \\ a_{12} & a_{22} & \cdots & a_{n2} \\ \vdots & \vdots & \vdots & \vdots \\ a_{1p} & a_{2p} & \cdots & a_{np} \end{bmatrix} \tag{1.2}$$

로 주어진다.

어떤 행렬 $\boldsymbol{A}$가 정방행렬이고

$$\boldsymbol{A} = \boldsymbol{A}^T$$

이면 이 행렬은 **대칭행렬**(symmetric matrix)이라고 부른다. 대칭행렬의 예로는

$$\begin{bmatrix} -7 & 2 & 3 \\ 2 & -4 & -1 \\ 3 & -1 & 5 \end{bmatrix} \tag{1.3}$$

와 같이 $a_{ij} = a_{ji}$가 되며 대각선을 기준으로 대칭인 행렬이다.

$n \times n$ 차원인 어떤 행렬 $\boldsymbol{A}$가 $\mathbf{0}$가 아닌 벡터[1] $\boldsymbol{x} = (x_1, x_2, \ldots, x_n)^T (\in \mathbb{R}^n)$에 대해

$$\boldsymbol{x}^T \boldsymbol{A} \boldsymbol{x} > (\geq) 0$$

이 성립하면 이를 **(반)양정치 행렬**(positive (semi) definite matrix)이라고 부르고

$$\boldsymbol{x}^T \boldsymbol{A} \boldsymbol{x} < (\leq) 0$$

이 성립하면 이를 **(반)음정치 행렬**(negative (semi) definite matrix)이라고

[1]특별한 말이 없으면 모든 벡터는 열벡터인 것으로 한다.

부른다. 양정치 행렬의 예로는

$$\begin{bmatrix} 1 & 2 \\ 2 & 4 \end{bmatrix} \tag{1.4}$$

이 있다. 이 경우 $\boldsymbol{x}(\neq \mathbf{0}) \in \mathbb{R}^2$에 대해

$$\begin{aligned} \boldsymbol{x}^T \boldsymbol{A}\boldsymbol{x} &= x_1^2 + 4x_1x_2 + 4x_2^2 \\ &= (x_1 + 2x_2)^2 \\ &\geq 0 \end{aligned} \tag{1.5}$$

이므로 반양정치 행렬이다.

고유행렬(identity matrix)은 대각선 원소가 1이고 그외의 모든 원소가 0인 정방행렬을 말한다. 보통 $\boldsymbol{I}$로 나타내거나 $n \times n$차원인 행렬임을 확실히 하고 싶을 때는 첨자를 붙여 $\boldsymbol{I}_n$으로 나타낸다. $\boldsymbol{I}$가 고유행렬이면 행렬곱이 정의되는 행렬 $\boldsymbol{A}$에 대해서

$$\boldsymbol{A}\boldsymbol{I} = \boldsymbol{A}, \qquad \boldsymbol{I}\boldsymbol{A} = \boldsymbol{A}$$

가 성립한다.

정방행렬 $\boldsymbol{A}$의 **역행렬**(inverse matrix)은 $\boldsymbol{A}^{-1}$로 나타내고

$$\boldsymbol{A}\boldsymbol{A}^{-1} = \boldsymbol{A}^{-1}\boldsymbol{A} = \boldsymbol{I} \tag{1.6}$$

가 성립하는 행렬을 말한다.

어떤 행렬 $\boldsymbol{A}$가

$$\boldsymbol{A}\boldsymbol{A}^T = \boldsymbol{A}^T\boldsymbol{A} = \boldsymbol{I} \tag{1.7}$$

이면 **직교행렬**(orthogonal matrix)이라고 부른다.[2] 직교행렬의 예로는 임의

[2] 직교행렬을 넓게 정의할 때는 $\boldsymbol{A}^T\boldsymbol{A} = \boldsymbol{A}\boldsymbol{A}^T$가 대각선 행렬일 때를 말하고 그런 경우

의 θ에 대해

$$\begin{bmatrix} \cos\theta & -\sin\theta \\ \sin\theta & \cos\theta \end{bmatrix} \tag{1.8}$$

등이 있다. 행렬 $\boldsymbol{A}$가 직교행렬인 경우에는 정의에 의해 $\boldsymbol{A}^{-1} = \boldsymbol{A}^T$이다.

$$\boldsymbol{A}\boldsymbol{A} = \boldsymbol{A}^2 = \boldsymbol{A} \tag{1.9}$$

가 성립하는 행렬 $\boldsymbol{A}$는 **멱등행렬**(idempotent matrix)이라고 부른다. 멱등행렬의 예로는 선형모형에서 자주 사용하는

$$\boldsymbol{P}_X = \boldsymbol{X}(\boldsymbol{X}^T\boldsymbol{X})^{-1}\boldsymbol{X}^T \tag{1.10}$$

나 $\boldsymbol{I}-\boldsymbol{P}_X$ 등이 있다. 행렬 $\boldsymbol{A}$의 대각선 원소는 a_{ii}를 말하고 대각선을 제외한 모든 원소가 0인 행렬은 대각선 행렬(diagonal matrix)이라고 부른다. 따라서 고유행렬은 대각선 행렬 중의 하나이다. 대각선 아래의 모든 원소가 0인 행렬은 **상대각행렬**(upper diagonal matrix 또는 upper triangular matrix)이라고 하고 대각선 위의 모든 원소가 0인 행렬은 **하대각행렬**(lower triangular matrix 또는 lower diagonal matrix)이라고 한다. 다음의 행렬 $\boldsymbol{A}$는 상대각행렬이다.

$$\boldsymbol{A} = \begin{bmatrix} 1 & 5 & 4 \\ 0 & 3 & 7 \\ 0 & 0 & 3 \end{bmatrix}$$

정방행렬 $\boldsymbol{A}_{n\times n} = (a_{ij})$의 행렬식(determinant)을 $|\boldsymbol{A}|$로 나타내면 행렬식은

$$|\boldsymbol{A}| = \sum \pm a_{1j_1}a_{2j_2}\cdots a_{nj_n} \tag{1.11}$$

으로 정의된다.[3] 여기서 $(j_1, j_2, \cdots, j_n)$은 $(1, 2, \cdots, n)$의 모든 permutation으

에는 식 (1.7)을 만족하는 행렬을 orthonormal이라고 한다.

[3] 행렬식의 정의로 cofactor, minor를 이용한 정의가 있으나, 여기서는 이를 정의로 사용하자.

로 $n!$ 개의 서로 다른 방법이 있다. 위의 $\pm$의 의미는 $(1, 2, \cdots, n)$에서 하나씩 바꿀 때 마다 부호가 바뀐다는 의미이다.

$n = 2$이면 (1,2)의 모든 permutation은 (1,2)와 (2,1)이 있으므로 위의 식은

$$a_{11}a_{22} - a_{12}a_{21}$$

가 된다.

$\boldsymbol{A}_{n\times n}$의 행렬식이 $|\boldsymbol{A}|$ 이고 $\boldsymbol{I}$가 고유행렬일 때

$$|\boldsymbol{A} - \lambda\boldsymbol{I}| = 0 \tag{1.12}$$

이 되는 값 λ를 행렬 $\boldsymbol{A}$의 **고유치** (eigen value)라고 하며

$$(\boldsymbol{A} - \lambda\boldsymbol{I})\boldsymbol{x} = \boldsymbol{0}$$

를 만족하는 $\boldsymbol{x}$는 행렬 $\boldsymbol{A}$의 **고유벡터**(eigen vector)라고 한다. 위의 식은 때로

$$\boldsymbol{A}\boldsymbol{x} = \lambda\boldsymbol{x}$$

로 쓰기도 한다.

$\boldsymbol{0}$이 아닌 임의의 실수 벡터 $\boldsymbol{x}$에 대해 $\boldsymbol{x}^T\boldsymbol{x} > 0$이므로

$$\boldsymbol{x}^T(\boldsymbol{A}\boldsymbol{x}) = \boldsymbol{x}^T(\lambda\boldsymbol{x})$$

이므로 양정치 행렬의 모든 고유치는 모두 양이며, 같은 방법으로 음정치 행렬의 모든 고유치는 모두 음이다.

다음은 자주 사용하는 행렬의 성질을 정리한 것이다.

정리 1.1. $\boldsymbol{A}$의 역행렬 $\boldsymbol{A}^{-1}$은 다음을 만족한다.

1. $\boldsymbol{A}\boldsymbol{A}^{-1} = \boldsymbol{A}^{-1}\boldsymbol{A} = \boldsymbol{I}$ (정의)

2. $\boldsymbol{A}$는 유일하다(uniqueness).

3. 행렬식의 관계: $|\boldsymbol{A}^{-1}| = 1/|\boldsymbol{A}|$.

4. $(\boldsymbol{A}^{-1})^{-1} = \boldsymbol{A}$.

5. $(\boldsymbol{A}^T)^{-1} = (\boldsymbol{A}^{-1})^T$.

6. $\boldsymbol{A}$가 대칭이면 역행렬도 대칭이다. 즉, $\boldsymbol{A}^T = \boldsymbol{A}$이면 $(\boldsymbol{A}^{-1})^T = \boldsymbol{A}^{-1}$.

7. $\boldsymbol{AB}$와 $\boldsymbol{A}$, $\boldsymbol{B}$의 역행렬이 모두 존재하면 $(\boldsymbol{AB})^{-1} = \boldsymbol{B}^{-1}\boldsymbol{A}^{-1}$.

8. $\boldsymbol{A}$가 직교행렬이면 $\boldsymbol{A}^{-1} = \boldsymbol{A}^T$이다.

정리 1.2. 행렬 $\boldsymbol{A}$가 $\boldsymbol{AA} = \boldsymbol{A}$인 멱등행렬이면

1. $tr(\boldsymbol{A}) = rank(\boldsymbol{A})$이다.

2. $\boldsymbol{A}$의 모든 고유치는 0 또는 1이다.

정리 1.3. $\boldsymbol{A}$와 $\boldsymbol{B}$가 아래의 합과 곱이 가능한 행렬이면

1. $tr(\boldsymbol{A} + \boldsymbol{B}) = tr(\boldsymbol{A}) + tr(\boldsymbol{B})$

2. $tr(\boldsymbol{AB}) = tr(\boldsymbol{BA})$

정리 1.4. $\boldsymbol{A}$ 및 아래의 역행렬이 모두 존재하면

$$(\boldsymbol{A} + \boldsymbol{UBV})^{-1} = \boldsymbol{A}^{-1} - \boldsymbol{A}^{-1}\boldsymbol{UBV}(\boldsymbol{I} + \boldsymbol{A}^{-1}\boldsymbol{UBV})^{-1}\boldsymbol{A}^{-1} \tag{1.13}$$

이다.

정리 1.5. $\boldsymbol{u}$, $\boldsymbol{v}$가 벡터이고 $\boldsymbol{A}$의 역행렬이 존재하면

$$(\boldsymbol{A} + \boldsymbol{uv}^T)^{-1} = \boldsymbol{A}^{-1} - \frac{(\boldsymbol{A}^{-1}\boldsymbol{u})(\boldsymbol{v}^T\boldsymbol{A}^{-1})}{1 + \boldsymbol{v}^T\boldsymbol{A}^{-1}\boldsymbol{u}} \tag{1.14}$$

이다. (Rao(1970), p.33)

위에서 얻을 수 있는 성질로

정리 1.6. $\boldsymbol{b}$가 벡터이고 c가 상수이며 $\boldsymbol{A}$의 역행렬이 존재하면

$$(\boldsymbol{A}+c\boldsymbol{b}\boldsymbol{b}^T)^{-1}=\boldsymbol{A}^{-1}-\frac{c}{1+c\boldsymbol{b}^T\boldsymbol{A}^{-1}\boldsymbol{b}}\boldsymbol{A}^{-1}\boldsymbol{b}\boldsymbol{b}^T\boldsymbol{A}^{-1} \tag{1.15}$$

이다.

정리 1.7. 고유벡터와 고유치는 다음 성질을 만족한다.

1. 대칭행렬의 고유치는 모두 실수이다.

2. 행렬 $\boldsymbol{A}$의 0이 아닌 고유치는 개수는 $rank(\boldsymbol{A})$와 같다.

3. 행렬 $\boldsymbol{\Lambda}$를 고유치로 이루어진 대각선 행렬이라고 하고 $\boldsymbol{A}$가 대칭이면

$$\boldsymbol{A}=\boldsymbol{U}^T\boldsymbol{\Lambda}\boldsymbol{U} \quad \text{또는} \quad \boldsymbol{\Lambda}=\boldsymbol{U}\boldsymbol{A}\boldsymbol{U}^T \tag{1.16}$$

   가 되는 직교행렬 $\boldsymbol{U}$가 존재한다.

4. $\boldsymbol{A}$가 대칭이고 $\boldsymbol{u}_i$와 λ_i가 $\boldsymbol{A}$의 고유벡터와 그에 대응하는 고유치라고 하자. $\boldsymbol{u}_i$를 i번째 열이 되는 행렬 $\boldsymbol{U}$는 $\boldsymbol{I}=\boldsymbol{U}\boldsymbol{U}^T=\sum\boldsymbol{u}_i\boldsymbol{u}_i^T$ 를 만족하므로 양변의 왼쪽에 $\boldsymbol{A}$를 곱하면

$$\boldsymbol{A}=\boldsymbol{A}\sum_{i=1}^{n}\boldsymbol{u}_i\boldsymbol{u}_i^T=\sum_{i=1}^{n}\boldsymbol{A}\boldsymbol{u}_i\boldsymbol{u}_i^T=\sum_{i=1}^{n}\lambda_i\boldsymbol{u}_i\boldsymbol{u}_i^T \tag{1.17}$$

   이다. 식 (1.16)과 식 (1.17)은 같은 식이며 이와 같은 행렬 $\boldsymbol{A}$의 분해를 행렬의 스펙트럴 분해(spectral decomposition)라고 한다.

5. 멱등행렬의 모든 고유치는 0 또는 1이다.

6. $\boldsymbol{A}$가 멱등행렬이면 $tr(\boldsymbol{A})=rank(\boldsymbol{A})$이다.

7. $|\boldsymbol{A}|=\lambda_1\lambda_2\cdots\lambda_n$

8. 따라서 임의의 벡터 $\boldsymbol{x}$에 대한 $\boldsymbol{A}$의 이차형식은 다음과 같이 쓸 수 있다.

$$\begin{aligned} \boldsymbol{x}^T\boldsymbol{A}\boldsymbol{x} &= \boldsymbol{x}^T\boldsymbol{U}^T\boldsymbol{\Lambda}\boldsymbol{U}\boldsymbol{x} && (1.18)\\ &= \boldsymbol{w}^T\boldsymbol{\Lambda}\boldsymbol{w} \quad (\boldsymbol{w}=\boldsymbol{U}\boldsymbol{x}) && (1.19)\\ &= \sum_{i=1}^{n}\lambda_i w_i^2 && (1.20) \end{aligned}$$

9. $tr(\boldsymbol{A}) = \lambda_1 + \lambda_2 + \cdots + \lambda_n$

10. $tr(\boldsymbol{A}^T\boldsymbol{A}) = \lambda_1^2 + \lambda_2^2 + \cdots + \lambda_n^2$

11. $\boldsymbol{A}$의 역행렬이 존재하면 $tr(\boldsymbol{A}^{-1}) = 1/\lambda_1 + 1/\lambda_2 + \cdots + 1/\lambda_n$

1.2. 벡터와 행렬의 norm

n 차원인 벡터 $\boldsymbol{x} = (x_1, x_2, \ldots, x_n)^T$의 원점으로부터의 거리(Euclidean distance)는

$$\sqrt{x_1^2 + x_2^2 + \cdots + x_n^2}$$

임을 잘 안다. 이 거리는 보통 $||\boldsymbol{x}||_2$ 로 나타내며 다음 성질을 만족한다.

1. $||\boldsymbol{x}||_2 \geq 0$ 이고 $||\boldsymbol{x}||_2 = 0 \Leftrightarrow \boldsymbol{x} = \boldsymbol{0}$

2. 임의의 상수(scalar)에 대해 $||a\boldsymbol{x}||_2 = |a|||\boldsymbol{x}||_2$ 이다.

3. $||\boldsymbol{x} + \boldsymbol{x}||_2 \leq ||\boldsymbol{x}||_2 + ||\boldsymbol{y}||_2$ 이다.

위의 세 성질을 만족하는 함수는 모두 norm이라고 한다. 특히 위의 경우처럼 Euclidean 거리인 경우는 2-norm이라고 한다. 벡터 $\boldsymbol{x}$의 일반적인 p-norm은 $||\boldsymbol{x}||_p$로 나타내고

$$||\boldsymbol{x}||_p = (|x_1|^p + |x_2|^p + \cdots + |x_n|^p)^{1/p}$$

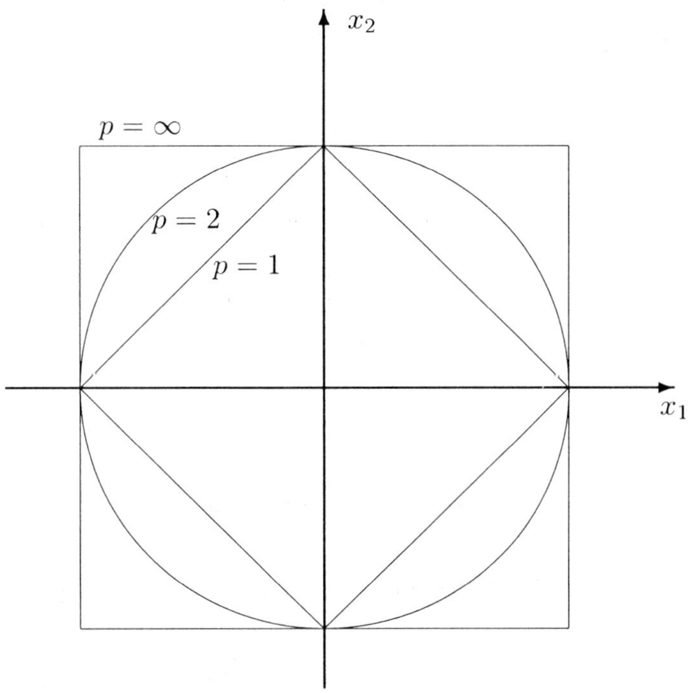

그림 1.1: 이차원에서의 norm

로 정의한다. $||\boldsymbol{x}||_\infty$는 max norm이라고도 하는데

$$||\boldsymbol{x}||_\infty = \max\{|x_1|, |x_2|, \ldots, |x_n|\}$$

로 정의 한다. 이차원에서의 norm을 그림 1.1에서 보는 것처럼 $p = 1$ 이면

$$|x_1| + |x_2| = 1$$

인 마름모이고 $p = 2$이면

$$\sqrt{x_1^2 + x_2^2} = 1$$

인 원이며 $p = \infty$이면

$$\max\{|x_1|, |x_2|\}$$

이므로 그림에서 보는 정사각형이 된다.

행렬의 norm은 다음과 같이 정의한다.

$$||\boldsymbol{A}|| = \sup\left\{\frac{||\boldsymbol{Ax}||}{||\boldsymbol{x}||} : \boldsymbol{x} \neq \boldsymbol{0}\right\} \tag{1.21}$$

여기서 $||\cdot||$ 는 벡터 norm이다. 그런데 $\alpha \in \boldsymbol{R} - \{0\}$인 α에 대해서

$$\frac{|\alpha|||\boldsymbol{Ax}||}{|\alpha|||\boldsymbol{x}||} = \frac{||\boldsymbol{Ax}||}{||\boldsymbol{x}||}$$

이므로 위의 정의는

$$||\boldsymbol{A}|| = \sup\{||\boldsymbol{Ax}|| : ||\boldsymbol{x}|| = 1\} \tag{1.22}$$

으로 단순화 할 수 있다. 참고로 임의의 $m \times n$ 행렬인 $\boldsymbol{A}$에 대해

$$||\boldsymbol{A}||_1 = \max_{1\le j\le n}\left\{\sum_{i=1}^{m}|a_{ij}|\right\} \tag{1.23}$$

이고

$$||\boldsymbol{A}||_\infty = \max_{1\le i\le m}\left\{\sum_{j=1}^{n}|a_{ij}|\right\} \tag{1.24}$$

이다. 즉 1-norm은 각 열의 절대값 합 중에서 가장 큰 값이고 ∞-norm은 각 행의 절대값 합 중에서 가장 큰 값이다. $\boldsymbol{A}$와 $\boldsymbol{B}$는 행렬이고 $\boldsymbol{x}$가 적당한 벡터일 때 행렬의 norm에는 다음과 같은 성질이 있다.

1. $||\boldsymbol{A}|| \ge 0$ 이고 $||\boldsymbol{A}|| = 0 \Leftrightarrow \boldsymbol{A} = \boldsymbol{0}$.

2. 임의의 상수 a에 대해 $||a\boldsymbol{A}|| = |a|||\boldsymbol{A}||$ 이다.

3. $||\boldsymbol{A} + \boldsymbol{B}|| \le ||\boldsymbol{A}|| + ||\boldsymbol{B}||$.

4. $||\boldsymbol{Ax}|| \le ||\boldsymbol{A}||||\boldsymbol{x}||$.

5. 고유행렬 $\boldsymbol{I}$에 대해 $||\boldsymbol{I}|| = 1$.

6. $||\boldsymbol{AB}|| \le ||\boldsymbol{A}||||\boldsymbol{B}||$

1.3. 오차의 확대

컴퓨터는 숫자를 저장할 때 미리 정해진 비트의 수만큼만 사용하기 때문에 항상 반올림이 행해지며, 이러한 반올림 때문에 컴퓨터를 사용한 계산에서 계산의 순서나 방법에 대해서 고려할 필요가 생긴다. 이 절에서는 컴퓨터로 계산하더라도 계산의 순서나 방법에 따라 결과가 달라지는 경우에 대해 알아보고 이러한 문제를 어떻게 해결하는 것이 좋은지 알아보자.

1.3.1. 합과 차

다음의 식

$$\frac{(x+1)^3-1}{x} \tag{1.25}$$

을 x의 값이 0에 가까울 때 계산하는 방법을 생각해보자. 먼저 $x = 10^{-i}$일 때 식 (1.25을 다음과 같은 FORTRAN77 프로그램으로 계산하여 보면

```
      DO I= 1,10
        X = 10.**(-I)
        Y1 = ((X+1.)**3 - 1.)/X
        Y2 = 3. + X*(3. + X)
        WRITE(6,10) I, Y1, Y2
10      FORMAT(1x, I3,2F10.6)
      ENDDO
```

그 결과는 표 1.1과 같다. 그런데 인수분해하여 다시 정리하면 식 (1.25)는

$$x^2+3x+3 \tag{1.26}$$

이므로 수학적인 값은 표 1.1의 마지막 열에 주어진대로이다. 표 1.1에서 보는 것처럼 $x = 10^{-8}$이나 $x = 10^{-9}$일 때는 완전히 엉뚱한 결과가 나오고 그보다 큰 값일 때도 정확한 값이 계산되지 않는다. 이는 컴퓨터의 유

표 1.1: 오차의 확대

10^{-i}	$\frac{(x+1)^3-1}{x}$	x^2+3x+3
1	3.310001	3.310000
2	3.030097	3.030100
3	3.003141	3.003001
4	3.000798	3.000300
5	3.004104	3.000030
6	2.861025	3.000003
7	3.576278	3.000000
8	0.000000	3.000000
9	0.000000	3.000000

효 숫자를 생각해 보면 금방 예측할 수 있는 결과이다. 즉 $x = 10^{-8}$일 때를 생각해보면 $(x+1)^3 = 1.00000001^3$인데 이는 유효 숫자의 개수가 여덟개라고 생각할 때 이 값은 컴퓨터에 저장될 때에는 1.0000000이다. 따라서 $(x+1)^3 - 1 = 0$을 얻을 수 밖에 없다.

뿐만 아니라 $x = 10^{-3}$일 때만 생각하더라도 $(x+1)^3 = 1.003003001$이라서 유효 숫자를 여덟개라고 할 때 컴퓨터에서는 1.0030030으로 저장되며 따라서 $(x+1)^3 - 1 = 3.003 \times 10^{-3}$이다. 이 경우에 표에서 준 값에서 소수점 오른쪽 넷째 자리수부터는 전혀 신뢰할 수 없는 숫자이다. 위의 예에서 본 것을 정리하여 보면

> 컴퓨터에서 유효숫자를 생각할 때 다음과 같은 연산은 예상 못한 오차를 수반할 수 있다.
>
> 1. 지나치게 큰 값과 지나치게 작은 값의 합 또는 차
> 2. 크기가 비슷한 값의 차

통계학에서 자주 하는 연산으로 평균과 표준편차 또는 분산을 계산하는데 앞에서 강조한 바와 같이 평균은 합하는데서 생기는 문제를, 분산은 차와 합에 관한 위험성을 모두 내포한다. 따라서 평균을 구할 때는 보통 먼저 오

름차순으로 정리하여 작은 수부터 합하는 것이 합리적이며 제곱합을 구할 때에는

$$S_1 = 0, \quad S_k = S_{k-1} + \frac{k-1}{k}(X_k - \bar{X}_{k-1})^2 \tag{1.27}$$

을 계산한다.

1.3.2. 다항식

1.3.1절에서 본 식 (1.26)과 같은 n차 다항식(ploynomial of degree n)은 x^n이 있기 때문에 x가 1보다 크거나 작은 경우에 조금 큰 n에 대해 x^n의 값이 금방 너무 커지거나 작아지기 때문에 이러한 다항식은 오차를 수반할 수 있다. 보통 오차의 확장을 방지하기 위해 일반적인 n차 다항식

$$\begin{aligned} p(x) &= a_0 + a_1(x - c_1) + a_2(x - c_1)(x - c_2) \\ &\quad + a_3(x - c_1)(x - c_2)(x - c_3) + \cdots \\ &\quad + a_n(x - c_1)(x - c_2)\cdots(x - c_n) \end{aligned} \tag{1.28}$$

의 계산은

$$\begin{aligned} p(x) &= a_0 + (x - c_1)\{a_1 + (x - c_2)[a_2 + (x - c_3) < a_3 + \cdots \\ &\quad + (x - c_{n-1})(a_{n-1} + (x - c_n)a_n \cdots >]\} \end{aligned} \tag{1.29}$$

로 계산한다.[4] 예를 들어 식 (1.26)은

$$3 + x(3 + x)$$

로 계산된다. 이제 1.3.1 절에서 FORTRAN 프로그램에서 $x^2 + 3x + 3$을 계산하지 않고 $3 + x(3 + x)$를 계산하였는지 알 수 있을 것이다. 이를 정리하면

[4] 이와 같은 형식을 보통 nested form이라고 한다.

알고리즘 1.1.

$S \leftarrow a_n$
For $i = n-1$ downto 0
  S $\leftarrow a_i + (x_0 - c_{i+1})S$
next i

로 계산할 수 있다. 이 결과로 얻어지는 값은 $S = p(x_0)$이다.

1.4. 표본 분포와 기대값

확률변수 X의 확률밀도함수를 $f_X(x)$라 하면 X의 기대값(expected value)은 $E[X]$ 또는 μ로 나타내고

$$E[X] = \int_{-\infty}^{\infty} x f_X(x) dx \tag{1.30}$$

로 정의한다. 만일 X가 이산분포이면 기대값은

$$E[X] = \sum_x x f_X(x) \tag{1.31}$$

이다. 이 때 합은 확률변수 X가 가질 수 있는 모든 값에 대하여 계산한다.

> 확률변수가 이산인 경우에는 위에서 보는 기대값의 정의에서와 마찬가지로 다음에서 볼 경우에도 적분 대신 합을 사용하면 된다. 따라서 이산 변수인 경우는 따로 적지 않는다.

확률변수 X의 함수 $g(X)$의 계산은[5]

$$E[g(X)] = \int_{-\infty}^{\infty} g(x) f_X(x) dx \tag{1.32}$$

---

[5]정의가 아님.

로 한다.

확률변수 X의 **분산**(variance)은 var(X) 또는 σ^2으로 나타내고

$$\text{var}(X) = E([X - E[X])^2 = E[X^2] - (E[X])^2 \tag{1.33}$$

로 정의한다. 확률변수 X의 **표준편차**는 σ로 나타내고 $\sigma = \sqrt{\sigma^2}$으로 정의한다. 확률변수 X의 분산이 유한하면 임의의 ϵ에 대해

$$\Pr[|X - \mu| > \epsilon] \leq \frac{\text{var}(X)}{\epsilon^2} \tag{1.34}$$

이 성립하는데 이를 체비세프(Chebychev) 부등식이라고 한다.

X와 Y의 결합확률밀도함수가 $f_{XY}(x,y)$이면 X의 한계 확률밀도함수(marginal probability density function) $f_X(x)$는

$$f_X(x) = \int_{-\infty}^{\infty} f_{XY}(x,y)dy \tag{1.35}$$

로 얻어진다. X가 주어졌을때 Y의 조건부 확률밀도함수(conditional probability density function)는

$$f_{Y|X}(y|x) = \frac{f_{XY}(x,y)}{f_X(x)} \tag{1.36}$$

이다. 두 확률 밀도함수의 **공분산**(covariance)은 Cov(X, Y)로 나타내고

$$\text{Cov}(X,Y) = E[(X - E[X])(Y - E[Y])] \tag{1.37}$$

로 정의한다.

두 확률변수 X와 Y의 **상관계수**(correlation coefficient)는 ρ로 나타내고

$$\rho = \frac{\text{Cov}(X,Y)}{\sqrt{\text{var}(X)}\sqrt{\text{var}(Y)}} \tag{1.38}$$

로 정의한다. 상관계수가 취할 수 있는 값은 $-1 \le \rho \le 1$ 이다.(연습문제 1.3 참조.)

연속인 확률변수 X의 확률밀도함수를 $f_X(x)$라 하고 $Y = g(X)$인 변환이 일대일 대응이라고 하자. 그러면

$$f_Y(y) = f_X(g^{-1}(y))\left|\frac{dx}{dy}\right|$$

로 얻어진다.

이는 확률변수가 n차원일 때도 쉽게 확장된다. 확률벡터

$$\boldsymbol{X} = \begin{bmatrix} X_1 \\ X_2 \\ \vdots \\ X_n \end{bmatrix}$$

의 결합확률밀도가 $f_{X_1,X_2,\ldots,X_n}(x_1, x_2, \ldots, x_n)$이고

$$\begin{aligned} y_1 &= g_1(x_1, x_2, \ldots, x_n) \\ y_2 &= g_2(x_1, x_2, \ldots, x_n) \\ &\vdots \\ y_n &= g_n(x_1, x_2, \ldots, x_n) \end{aligned}$$

이 일대일 대응이면 $\boldsymbol{Y} = \boldsymbol{g}(\boldsymbol{X}) = (g_1(\boldsymbol{X}), g_2(\boldsymbol{X}) \ldots, g_n(\boldsymbol{X}))^T$의 확률밀도함수 $f_{Y_1,Y_2,\ldots,Y_n}(y_1, y_2, \ldots, y_n)$는

$$f_{\boldsymbol{Y}}(\boldsymbol{y}) = f_{\boldsymbol{X}}(\boldsymbol{g}^{-1}(\boldsymbol{y}))|\boldsymbol{J}|$$

이다.

여기서

$$J = \begin{vmatrix} \dfrac{\partial x_1}{\partial y_1} & \dfrac{\partial x_1}{\partial y_2} & \cdots & \dfrac{\partial x_1}{\partial y_n} \\ \dfrac{\partial x_2}{\partial y_1} & \dfrac{\partial x_2}{\partial y_2} & \cdots & \dfrac{\partial x_2}{\partial y_n} \\ \vdots & \vdots & \vdots & \vdots \\ \dfrac{\partial x_n}{\partial y_1} & \dfrac{\partial x_n}{\partial y_2} & \cdots & \dfrac{\partial x_n}{\partial y_n} \end{vmatrix} \tag{1.39}$$

이다.

$X_1, X_2, \ldots, X_n$ 을 독립이고 확률밀도함수가 $f_X(x)$이라고 하자. $X_1, X_2, \ldots, X_n$ 의 순서 통계량(order statistics)은 $X_1, X_2, \ldots, X_n$ 을 오름차순으로 정리한 값을 말하고 i번째 순서 통계량은 $X_{(i)}$로 나타낸다. $X_{(1)}, X_{(2)}, \ldots, X_{(n)}$ 의 결합확률밀도함수는

$$f_{X_{(1)},X_{(2)},\ldots,X_{(n)}}(x_{(1)}, x_{(2)}, \ldots, x_{(n)}) = n! f_X(x_{(1)}) f_X(x_{(2)}) \cdots f_X(x_{(n)}) \tag{1.40}$$

이고 $X_{(i)}$의 한계확률밀도함수는

$$f_{X_{(i)}}(x_{(i)}) = \frac{n!}{(i-1)!(n-i)!}[F_X(x_{(i)})]^{i-1}[1-F_X(x_{(i)})]^{n-i} f_X(x_{(i)}) \tag{1.41}$$

이다. 여기서 $F_X(x)$는 X_i의 누적분포함수이다.

연습문제

1.1 다음의 식

$$\frac{(x+1)^2 - 1}{x} \tag{1.42}$$

의 값을 $x = 10^{-1}, 10^{-2}, 10^{-3}, 10^{-4}, 10^{-5}$ 에 대해 구하여라. 이 때

(a) 식 (1.42)에 주어진 식을 직접 이용하여 구하여라.

(b) 식 (1.42)에 주어진 식을 전개하여 간단히 하여 구하여 보아라.

1.2 X_1과 X_2가 독립이고 각각 모수가 (α_1, β), (α_2, β)인 감마분포를 따르는 확률변수라 하자. Y_1과 Y_2를 각각

$$Y_1 = \frac{X_1}{X_1 + X_2} \tag{1.43}$$

와

$$Y_2 = X_1 + X_2 \tag{1.44}$$

라 하자. 그러면 Y_1과 Y_2는 독립이고 각각의 분포가 모수가 (α_1, α_2)인 베타분포와 $(\alpha_1 + \alpha_2, \beta)$인 감마분포를 따르는 것을 보여라.

1.3 다음의 Cauchy-Schawartz 부등식을 증명하여라.

$$\left[\int f(x)g(x)dx\right]^2 \leq \int f^2(x)dx \int g^2(x)dx \tag{1.45}$$

이 부등식을 이용하여 상관계수의 크기는 항상 -1과 1 사이에 있음을 보여라.

1.4 $X_1, X_2, \ldots, X_{\alpha+\beta-1}$ 이 독립이고 $U(0,1)$에서의 확률변수라 하고 $X_{(1)}, X_{(2)}, \ldots, X_{(\alpha+\beta-1)}$를 이들의 순서 통계량이라 하면 $X_{(\alpha)}$의 확률밀도함수는

$$f_X(x) = \frac{\Gamma(\alpha+\beta)}{\Gamma(\beta)\Gamma(\beta)} x^{\alpha-1}(1-x)^{\beta-1} \quad 0 < x < 1 \quad \alpha, \beta > 0 \tag{1.46}$$

이다. 이와 같은 확률밀도함수를 갖는 확률변수는 베타분포로부터의 확률변수라고 한다.

1.5 행렬

$$\boldsymbol{A} = \begin{bmatrix} 2 & 1 \\ 3 & 4 \end{bmatrix} \tag{1.47}$$

의 고유치와 고유벡터를 구하여라.

1.6 $X_1 + X_2 + \cdots + X_k = n$이고 $p_1 + p_2 + \cdots + p_k = 1$ $\boldsymbol{X}$의 확률밀도함수가

$$f_{\boldsymbol{X}}(\boldsymbol{x}) = \frac{n!}{x_1!x_2!\cdots x_k!} p_1^{x_1} p_2^{x_2} \cdots p_k^{x_k} \tag{1.48}$$

인 다항분포(multinomial distribution)라 하면

(a) X_i의 한계분포는 이항분포 $B(n, p_i)$임을 보여라.

(b) 조건부 분포도 다음과 같은 이항분포이다.

$$\begin{aligned}
&X_1 \sim B(n, p_1) \\
&X_2|X_1 \sim B(n - x_1, p_2/(p_2 + p_3 + \cdots + p_k)) \\
&X_3|X_1, X_2 \sim B(n - x_1 - x_2, p_3/(p_3 + p_4 + \cdots + p_k)) \\
&\vdots \\
&X_{k-1}|X_1, X_2, \ldots, X_{k-2} \\
&\sim B(n - X_1 - X_2 - \cdots - X_{k-1}, p_{k-1}/(p_{k-1} + p_k)) \\
&X_k|X_1, X_2, \ldots, X_{k-1} \equiv n - X_1 - X_2 - \cdots - X_{k-1}
\end{aligned} \tag{1.49}$$

1.7 행렬

$$\boldsymbol{A} = \begin{bmatrix} 1.0 & 0.5 & 0.5 \\ 0.5 & 1.0 & 0.5 \\ 0.5 & 0.5 & 1.0 \end{bmatrix} \tag{1.50}$$

이 양정치 행렬임을 보여라.

1.8 임의의 $m \times n$ 행렬 $\boldsymbol{A}$에 대하여

$$||\boldsymbol{A}||_1 = \max_{1 \le j \le n} \left\{ \sum_{i=1}^{m} |a_{ij}| \right\} \tag{1.51}$$

이고

$$||\boldsymbol{A}||_\infty = \max_{1 \le i \le m} \left\{ \sum_{j=1}^{n} |a_{ij}| \right\} \tag{1.52}$$

임을 보여라.

1.9 정방행렬 $\boldsymbol{A}$가 직교행렬일 때 $||\boldsymbol{A}||_2$는 항상 일정한 값임을 보여라. 그 일정한 값은 얼마인가?

1.10 $n \times n$ 차원 행렬 $\boldsymbol{A}$ 가 양정치 행렬이면 $\boldsymbol{A}$의 모든 고유치는 양임을 증명하여라. 그 역은 성립하는가? 또 $\boldsymbol{A}$가 음정치 행렬인 경우 이 문제는 어떻게 바뀔 수 있는가?

1.11 정방행렬 $\boldsymbol{A}_{n\times n}$의 i번째 열을 $\boldsymbol{a}_i$로 표시하면

$$\boldsymbol{A}\boldsymbol{A}^T = \sum_{i=1}^{n} \boldsymbol{a}_i \boldsymbol{a}_i^T$$

임을 보여라.

제 2 장

소거법

2.1. 가우스 소거법

다음 식의 해를 구하는 방법에 대해 생각해 보자.

$$\begin{aligned} 2x_1 - 4x_2 + 2x_3 &= 6 \\ 4x_1 - 9x_2 + 7x_3 &= 20 \\ 2x_1 + x_2 + 3x_3 &= 14 \end{aligned} \tag{2.1}$$

잘 아는 바와 같이 가우스 소거법은 먼저 처음 식에 2를 곱해서 두 번째 식에서 빼주고 처음 식에 1을 곱해서 세 번째 식에서 빼주어서

$$\begin{aligned} 2x_1 - 4x_2 + 2x_3 &= 6 \\ - x_2 + 3x_3 &= 8 \\ + 5x_2 + x_3 &= 8 \end{aligned} \tag{2.2}$$

를 얻고 다시 위에서 두 번째 식에 -5를 곱해서 세 번째 식에서 빼주면

$$\begin{aligned} 2x_1 - 4x_2 + 2x_3 &= 6 \\ - x_2 + 3x_3 &= 8 \\ 16x_3 &= 48 \end{aligned} \tag{2.3}$$

을 얻는다. 이제는 마지막식에서 부터 거꾸로 풀어서

$$\begin{aligned} x_3 &= \frac{48}{16} = 3 \\ x_2 &= \frac{8 - 3x_3}{-1} = 1 \\ x_1 &= \frac{6 + 4x_2 - 2x_3}{2} = 2 \end{aligned}$$

를 해로 얻게 된다.

앞의 연립 방정식에서 계수를 모아서 행렬로 쓰면

$$\boldsymbol{A} = \begin{bmatrix} 2 & -4 & 2 \\ 4 & -9 & 7 \\ 2 & 1 & 3 \end{bmatrix}$$

이 되는데 가우스 소거법을 사용하면서 우리는 두 개의 행렬을 더 생각해 볼 수 있다. 즉

$$\boldsymbol{U} = \begin{bmatrix} 2 & -4 & 2 \\ 0 & -1 & 3 \\ 0 & 0 & 16 \end{bmatrix}$$

와

$$\boldsymbol{L} = \begin{bmatrix} 1 & 0 & 0 \\ 2 & 1 & 0 \\ 1 & -5 & 1 \end{bmatrix}$$

이 그것이다. 이 두 행렬 $\boldsymbol{U}$와 $\boldsymbol{L}$은 어떻게 얻어졌나 생각해보자. 먼저 $\boldsymbol{U}$는 식 (2.3)의 계수들을 행렬로 나타낸 것이라는 것을 알 수 있다. 이제 행렬 $\boldsymbol{L}$을 보자. 행렬 $\boldsymbol{L}$의 첫 번째 열의 값은 가우스 소거법의 처음 과정에서 첫 번째 행을 두 번째 세 번째 행에서 빼주기 위한 값이다. 마찬가지로 두 번째 열은 가우스 소거법의 두 번째 과정에서 세 번째 열의 x_2를 소거하기 위해 곱해 준 값이다.

여기서 한 가지 관찰할 수 있는 사실은

$$A = \begin{bmatrix} 2 & -4 & 2 \\ 4 & -9 & 7 \\ 2 & 1 & 3 \end{bmatrix} = \underset{L}{\begin{bmatrix} 1 & 0 & 0 \\ 2 & 1 & 0 \\ 1 & -5 & 1 \end{bmatrix}} \underset{U}{\begin{bmatrix} 2 & -4 & 2 \\ 0 & -1 & 3 \\ 0 & 0 & 16 \end{bmatrix}} \tag{2.4}$$

즉,

$$A = LU \tag{2.5}$$

이다. 따라서 우리는 다음과 같이 말할 수 있다.

> 가우스 소거법은 계수행렬을 상대각(upper diagonal) 행렬과 하대각(lower diagonal) 행렬의 분해로 생각할 수 있다.

위와 같이 행렬 A를 상대각 행렬과 하대각 행렬의 곱으로 분해하는 것을 LU 분해(LU decomposition)이라고 한다.

가우스 소거법은 행소거법(row elimination)인데, 우리는 열소거법(column elinimation)을 생각해 볼 수 있다. 즉, 첫 번째 열에 −2를 곱해 두 번째 열에서 빼주고 첫 번째 열에서 1을 곱해 세 번째 열에서 빼주면

$$\begin{bmatrix} 2 & 0 & 0 \\ 4 & -1 & 3 \\ 2 & 5 & 1 \end{bmatrix}$$

가 되고 여기서 두 번째 열에 −3를 곱해 세 번째 열에서 빼주면

$$\begin{bmatrix} 2 & 0 & 0 \\ 4 & -1 & 0 \\ 2 & 5 & 16 \end{bmatrix}$$

가 된다. 앞에서 사용한 $-2, 1, -3$ 등은

$$\begin{bmatrix} 1 & -2 & 1 \\ 0 & 1 & -3 \\ 0 & 0 & 1 \end{bmatrix}$$

로 정리하자. 여기서도 우리는 위에서 본 식 (2.4)의 가우스 소거법에서 얻은 행렬과 다른 행렬이기는 하지만

$$\boldsymbol{A} = \begin{bmatrix} 2 & -4 & 2 \\ 4 & -9 & 7 \\ 2 & 1 & 3 \end{bmatrix} = \begin{bmatrix} 2 & 0 & 0 \\ 4 & -1 & 0 \\ 2 & 5 & 16 \end{bmatrix} \begin{bmatrix} 1 & -2 & 1 \\ 0 & 1 & -3 \\ 0 & 0 & 1 \end{bmatrix} \tag{2.6}$$

을 관찰할 수 있고 $\boldsymbol{A} = \boldsymbol{LU}$임을 확인할수 있다. 위의 방법에 의해 생긴 식 (2.6)의 행렬 $\boldsymbol{L}$의 대각선을 생각해 보면

$$\boldsymbol{D} = \begin{bmatrix} 2 & 0 & 0 \\ 0 & -1 & 0 \\ 0 & 0 & 16 \end{bmatrix} \tag{2.7}$$

인데 식 (2.6)의 $\boldsymbol{L}$은

$$\boldsymbol{L} = \begin{bmatrix} 2 & 0 & 0 \\ 4 & -1 & 0 \\ 2 & 5 & 16 \end{bmatrix} = \underbrace{\begin{bmatrix} 1 & 0 & 0 \\ 2 & 1 & 0 \\ 1 & -5 & 1 \end{bmatrix}}_{\boldsymbol{L}_1} \underbrace{\begin{bmatrix} 2 & 0 & 0 \\ 0 & -1 & 0 \\ 0 & 0 & 16 \end{bmatrix}}_{\boldsymbol{D}} \tag{2.8}$$

임을 알 수 있다. 즉 $\boldsymbol{L} = \boldsymbol{L}_1\boldsymbol{D}$ 이다.

마찬가지로 앞에서 본 행 소거법을 사용한 경우에는 식 (2.4)에서

$$U = \begin{bmatrix} 2 & -4 & 2 \\ 0 & -1 & 3 \\ 0 & 0 & 16 \end{bmatrix} = \underbrace{\begin{bmatrix} 2 & 0 & 0 \\ 0 & -1 & 0 \\ 0 & 0 & 16 \end{bmatrix}}_{D} \underbrace{\begin{bmatrix} 1 & -2 & 1 \\ 0 & 1 & -3 \\ 0 & 0 & 1 \end{bmatrix}}_{U_1} \tag{2.9}$$

임을 알수 있는데 이는 $U = DU_1$ 이다.

위의 햇소거법 (식 (2.4), (2.9))과 열소거법(식 (2.6), (2.8)) 두 경우 모두에서 우리는

$$A = L_1 D U_1 \tag{2.10}$$

임을 알 수 있다. 이와 같이 행렬 A를 하대각행렬, 대각행렬 및 상대각행렬의 곱으로 분해하는 것을 ***LDU* 분해** (LDU decomposition)라고 한다.

2.2. Triangular system

선형 연립방정식의 계수로 만들어진 행렬 A가 L과 U로 분해되었다면 $y = Ux$라 하여

$$Ax = (LU)x = L(Ux) = Ly$$

로 쓸 수 있고, 따라서 $Ax = b$는 다음 두 방정식을 푸는 것이 된다.

$$Ly = b \text{ 와 } Ux = y$$

요약하면

1. A를 L과 U로 분해한다.
2. $Ly = b$ 를 y에 대해 푼다.
3. $Ux = y$ 를 x에 대해 푼다.

이제 위의 2번과 3번에서 수행될 계산을 하기 위한 컴퓨터 프로그램에 대해 생각해 보자. 먼저 $\boldsymbol{Ly} = \boldsymbol{b}$를

$$\begin{bmatrix} 1 & 0 & 0 \\ l_{21} & 1 & 0 \\ l_{31} & l_{32} & 1 \end{bmatrix} \begin{bmatrix} y_1 \\ y_2 \\ y_3 \end{bmatrix} = \begin{bmatrix} b_1 \\ b_2 \\ b_3 \end{bmatrix}$$

로 나타내면

$$\begin{aligned} y_1 &= b_1 \\ l_{21}y_1 + y_2 &= b_2 \\ l_{31}y_1 + l_{32}y_2 + y_3 &= b_3 \end{aligned} \tag{2.11}$$

로 풀리기 때문에 일반적인 $n \times n$ 차원인 행렬 $\boldsymbol{A}$와 $n \times 1$ 벡터 $\boldsymbol{x}$와 $\boldsymbol{y}$일 때의 일반적인 모양은

$$y_i = b_i - \sum_{j=1}^{i-1} l_{ij} y_j, \qquad y_1 = b_1 \tag{2.12}$$

이 된다. 따라서

알고리즘 2.1.

$y_1 \longleftarrow b_1$

$i = 2$ to n

$y_i \leftarrow b_i$

  $j = 1$ to $i - 1$

    $y_i \longleftarrow y_i - l_{ij} y_j$

  next j

next i

로 계산된다. 위와 같은 알고리즘은 forward substitution 라고 한다.

이제 $\boldsymbol{U}\boldsymbol{x} = \boldsymbol{y}$를

$$\begin{bmatrix} u_{11} & u_{12} & u_{13} \\ 0 & u_{22} & u_{23} \\ 0 & 0 & u_{33} \end{bmatrix} \begin{bmatrix} x_1 \\ x_2 \\ x_3 \end{bmatrix} = \begin{bmatrix} y_1 \\ y_2 \\ y_3 \end{bmatrix}$$

로 나타내면

$$\begin{aligned} x_3 &= \frac{y_3}{u_{33}} \\ x_2 &= \frac{y_2 - u_{23}x_3}{u_{22}} \\ x_1 &= \frac{y_1 - u_{12}x_2 - u_{13}x_3}{u_{11}} \end{aligned} \tag{2.13}$$

로 풀리기 때문에 $n \times n$ 차원의 행렬에 대한 일반적인 모양은

$$x_i = \frac{y_i - \displaystyle\sum_{j=i+1}^{n} u_{ij}x_j}{u_{ii}} \tag{2.14}$$

가 된다. 따라서 위의 내용을 정리하면

알고리즘 2.2.

$x_n \leftarrow \dfrac{y_n}{u_{nn}}$

$i = n-1$ down to 1

  $j = i+1$ to n

    $y_i \longleftarrow y_i - u_{ij}x_j$

  next j

  $x_i \longleftarrow \dfrac{y_i}{u_{ii}}$

next i

로 계산된다. 위와 같은 알고리즘은 backward substitution 라고 한다.

$$\begin{bmatrix} a_{11} & a_{12} & \cdots & a_{1k} & \cdots & a_{1j} & \cdots & a_{1n} \\ & a_{22} & \cdots & a_{2k} & \cdots & a_{2j} & \cdots & a_{2n} \\ & & \ddots & \vdots & & \vdots & & \vdots \\ & & & a_{kk} & \cdots & a_{kj} & \cdots & a_{kn} \\ & & & \vdots & & \vdots & & \vdots \\ & & & a_{ik} & \cdots & a_{ij} & \cdots & a_{in} \\ & & & \vdots & & \vdots & & \vdots \\ & & & a_{nk} & \cdots & a_{nj} & \cdots & a_{nn} \end{bmatrix}$$

그림 2.1: 부분적인 소거가 이루어진 행렬

2.3. 행렬의 분해

앞에서 본 가우스 소거법의 과정을 행렬 $\boldsymbol{A}$에 적용시키면

$$\begin{bmatrix} 2 & 4 & 2 \\ 4 & 7 & 7 \\ -2 & -7 & 5 \end{bmatrix} \longrightarrow \begin{bmatrix} 2 & 4 & 2 \\ 0 & -1 & 3 \\ 0 & -3 & 7 \end{bmatrix} \longrightarrow \begin{bmatrix} 2 & 4 & 2 \\ 0 & -1 & 3 \\ 0 & 0 & -2 \end{bmatrix}$$

으로 진행되어 $\boldsymbol{A}$에서 $\boldsymbol{U}$를 얻을 수 있었다. 일반적인 $n \times n$ 행렬인 경우에 한 번의 소거를 거치면 첫 번째 열의 대각선 아래 부분이 0이되고 두 번째 과정을 거치면 두 번째 열의 대각선 아래가 0이 되어서 일반적으로 k번째 과정을 거치면 k번째 열의 대각선 아래 부분이 0이 된다. 그림 2.1에는 k 번째 소거를 거치기 바로 전의 행렬의 모양을 담았다. 이 행렬에서 비어 있는 부분은 0을 의미한다.

그러면 i번째 행과 j번째 열에 해당하는 a_{ij}는 k번째 소거에서 어떤 변환이 필요한지 이 그림에서 생각해보자. 가우스 소거법은 a_{ik}가 a_{kk}의 몇 배가 되는지 계산하여 그 값을 (이 값은 $l_{ik} = a_{ik}/a_{kk}$로 계산되며 이는 $\boldsymbol{L}$의 ik번째 값이다.) k번째 열에 곱하여 i번째 열에서 빼준다. 따라서 a_{ij}는 원래 있는 a_{ij} 에 $l_{ik}a_{kj}$를 빼준 값이 된다. 따라서 위에서 설명한 방법을 알고리즘으로 나타내면 다음과 같다.

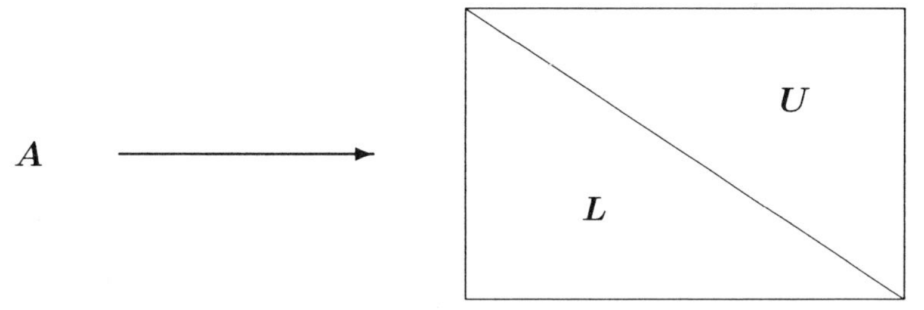

그림 2.2: LU 분해의 저장

알고리즘 2.3.

$k = 1$ to $n-1$

  $i = k+1$ to n

    $l_{ik} \longleftarrow a_{ik}/a_{kk}$

  next i

  $j = k$ to n

    $i = k+1$ to n

      $a_{ij} \longleftarrow a_{ij} - l_{ik}a_{kj}$

    next i

  next j

next k

알고리즘 2.3의 결과로 얻어지는 행렬 $\boldsymbol{A}$는 $\boldsymbol{U}$가 되며 중간에서 계산된 l_{ij}는 $\boldsymbol{L}$의 원소가 된다. 따라서 우리는 알고리즘 2.3으로 $\boldsymbol{L}$과 $\boldsymbol{U}$를 얻게 된다. 만일 행렬 $\boldsymbol{A}$의 LU 분해가 목적이 아니고 $\boldsymbol{Ax} = \boldsymbol{b}$를 $\boldsymbol{x}$에 대해서 푸는 것이 목적이라면 가장 안쪽 반복에서 $b_i \longleftarrow b_i - l_{ik}b_k$를 계산하여 $\boldsymbol{b}$도 같이 소거할 수 있다.

알고리즘을 구현하여 실제 계산을 하는 경우 프로그램이 컴퓨터에서 차지하는 메모리를 절약하기 위해서는 $\boldsymbol{L}$의 원소는 $\boldsymbol{A}$를 변환시키는 과정에서 생기는 $\boldsymbol{U}$ 행렬의 대각선 아래에 저장하기도 한다. 그림 2.2 참조.

2.4. 피보팅(Pivoting)

다음 예를 보자. 이때 유효 숫자는 둘이라고 가정하자.

$$\begin{aligned} 0.001x_1 &+ x_2 &= 1 \\ x_1 &+ x_2 &= 2 \end{aligned} \tag{2.15}$$

가우스 소거법을 사용하려면 다음과 같이 첫 번째 열에 1000을 곱해 두 번째 행에서 빼주게 되는데,

$$\begin{aligned} 0.001x_1 + \quad x_2 &= 1 \\ (1-1000)x_2 &= 2-1000 \end{aligned}$$

이 계산의 결과는 유효 숫자가 2 자리 뿐이므로

$$\begin{aligned} 0.001x_1 + \quad x_2 &= 1 \\ -1000x_2 &= -1000 \end{aligned}$$

이 되어 $x_2 = 1$과 $x_1 = 0$을 해로 얻게 된다. 물론 이렇게 얻어진 해는 원래 연립방정식에 대입하게 되면 등식을 만족시킬 수 없다. 알다시피 너무 큰 수 와 너무 작은 수의 합과 차, 또는 크기가 비슷한 두수의 차는 항상 오차에 빈감하므로 생기는 문제이다. 반일 이 연립방성식을 두 식의 순서를 바꾸어서 풀면 어떤 결과가 나오는지 보자. 즉,

$$\begin{aligned} x_1 &+ x_2 &= 2 \\ 0.001x_1 &+ x_2 &= 1 \end{aligned} \tag{2.16}$$

이제 첫 번째 식에 0.001을 곱하여 두 번째 식에서 빼주면

$$\begin{aligned} x_1 + \quad x_2 &= 2 \\ 0.999x_2 &= 0.998 \end{aligned} \tag{2.17}$$

이 되어 두 개의 유효 숫자가 있다면 $x_2 = x_1 = 1$을 해로 얻게 되고 유효 숫자 두 개의 범위 내에서 이 해는 올바른 해이다. 실제 소수점 이하 6자리까지의 해는 $\boldsymbol{x} = (1.001001, 0.998999)^t$ 로 둘다 1에 아주 가까운 값이다.

따라서 우리는 다음과 같은 제안을 할 수 있다.

> k번째 소거를 하기 전에 x_k에 대한 계수의 절대값이 가장 큰 식을 k 번째 식과 바꾼다.

이 때 가장 큰 계수를 pivot이라고 한다.

다음의 예를 보자. 피보팅을 사용하기 위해 n 차 벡터 $\boldsymbol{p}$를 사용할 예정이므로 이 벡터를 $=(1,2,3)^T$이라 하자.[1]

$$\begin{array}{rcrcrcr} 2x_1 & + & 2x_2 & - & 2x_3 & = & 8, \\ -4x_1 & - & 2x_2 & + & 2x_3 & = & -14, \\ -2x_1 & + & 3x_2 & + & 9x_3 & = & 9 \end{array} \tag{2.18}$$

먼저 -4의 절대값이 가장 크므로 처음 식과 두 번째 식을 바꾼다. 첫 번째 소거에서 두 번째 식의 계수가 가장 크므로 $p_1 = 2$로 둔다. (혹은 초기값이 있었던 경우는 $\boldsymbol{p}$의 첫 번째와 두 번째 원소의 값을 바꾼다고 생각할 수도 있다.)

$$\begin{array}{rcrcrcr} -4x_1 & - & 2x_2 & + & 2x_3 & = & -14, \\ 2x_1 & + & 2x_2 & - & 2x_3 & = & 8, \\ -2x_1 & + & 3x_2 & + & 9x_3 & = & 9 \end{array} \tag{2.19}$$

이제 가우스 소거법으로

$$\begin{array}{rcrcrcr} -4x_1 & - & 2x_2 & + & 2x_3 & = & -14, \\ & & x_2 & - & x_3 & = & 1, \\ & & 4x_2 & + & 8x_3 & = & 16 \end{array} \tag{2.20}$$

또 이 식 (2.20)에서 세 번째 식의 x_2의 계수의 절대값이 가장 크므로 두 번째와 세 번째 식을 바꾼다. 두 번째 소거에서 세 번째 식의 계수가 가장 크므로 $p_2 = 3$이라 하자. 마찬가지로 $\boldsymbol{p} = (2,1,3)^T$의 두 번째와 세 번째의 값

[1] 이 벡터의 초기값이 반드시 있어야 한는 것은 아니다.

을 바꾼다고 생각한다.

$$
\begin{aligned}
-4x_1 - 2x_2 + 2x_3 &= -14, \\
4x_2 + 8x_3 &= 16, \\
x_2 - x_3 &= 1
\end{aligned}
\tag{2.21}
$$

마지막으로 이 식에서 x_2를 소거하면

$$
\begin{aligned}
-4x_1 - 2x_2 + 2x_3 &= -14, \\
4x_2 + 8x_3 &= 16, \\
- 3x_3 &= -3
\end{aligned}
\tag{2.22}
$$

을 얻는다. 결과적으로 얻어진 $\boldsymbol{p} = (2,3,1)^T$가 되고 p_j의 값은 피보팅을 한 후의 j번째 행이 원래 행렬의 몇 번째 행이었는지 알려주는 값이 된다. 위의 예에서 p_1은 2이므로 소거를 한 후의 첫 번째 행은 원래 행렬의 두 번째 행이라는 것을 알 수 있다. 여기서 얻어진 해는 $\boldsymbol{x} = (3,2,1)^t$이다.

위의 과정을 알고리즘으로 정리해 보면 다음과 같다.

알고리즘 2.4.

$k = 1$ to $n-1$

  $m = \arg\max\{|a_{ik}|, i = k, k+1, \ldots, n\}$

  $p_k \leftarrow m$

  $a_{mk} \leftrightarrow a_{kk}$

  $a_{ik} \leftarrow a_{ik}/a_{kk}\ i = k+1, \ldots, n$

  $j = k+1$ to n

    $a_{mj} \leftrightarrow a_{kj}$

    $a_{ij} \leftarrow a_{ij} - a_{ik}a_{kj}, i = k+1, \ldots, n$

  next j

next k

선형방정식 $\boldsymbol{Ax} = \boldsymbol{b}$를 풀기 위해서는 $\boldsymbol{b}$에 대해서도 소거 작업을 해야하므로 다음 알고리즘이 필요하다.

알고리즘 2.5.

$k = 1$ to $n-1$
    $b_k \leftarrow b_{p_k}$
    $j = k+1$ to n
        $b_j \leftarrow b_j - a_{jk}b_k$
    next j
next k
$k = n$ downto 1
    $b_k \leftarrow b_k/a_{kk}$
    $j = 1$ to $k-1$
        $b_j \leftarrow b_j - a_{jk}b_k$
    next j
next k

위에서 본 피보팅은 행만 비교한 것이고 따라서 이를 부분 피보팅(partial pivoting)이라고도 한다. 이 피보팅을 열로 확장하여 행과 열에서 가장 큰 숫자를 기준으로 피보팅을 하면 좀더 나은 결과를 얻을 수 있다. 자세한 것은 Hager(1988)을 참고하기로 한다.

2.5. 대칭행렬과 Cholesky 분해

대칭행렬 (symmetric matrix) 이란 $n \times n$ 행렬 $\boldsymbol{A}$의 i번째 행 j번째 열의 원소가 j번째 행 i번째 열의 원소가 같은 행렬을 말한다. 이 절에서는 대칭행렬의 분해를 생각해 보자.

$$\boldsymbol{A} = \begin{bmatrix} 1 & 2 & 3 \\ 2 & 6 & 14 \\ 3 & 14 & 42 \end{bmatrix} \tag{2.23}$$

을 LU 분해하는 것을 생각해 보자. $\boldsymbol{A}$를 분해하면

$$\boldsymbol{L} = \begin{bmatrix} 1 & 0 & 0 \\ 2 & 1 & 0 \\ 3 & 4 & 1 \end{bmatrix} \quad \text{이고} \quad \boldsymbol{U} = \begin{bmatrix} 1 & 2 & 3 \\ 0 & 2 & 8 \\ 0 & 0 & 1 \end{bmatrix} \tag{2.24}$$

가 된다. 여기서 $\boldsymbol{U}$는

$$\boldsymbol{U} = \begin{bmatrix} 1 & 2 & 3 \\ 0 & 2 & 8 \\ 0 & 0 & 1 \end{bmatrix} = \underset{\boldsymbol{D}}{\begin{bmatrix} 1 & 0 & 0 \\ 0 & 2 & 0 \\ 0 & 0 & 1 \end{bmatrix}} \underset{\boldsymbol{U}_1}{\begin{bmatrix} 1 & 2 & 3 \\ 0 & 1 & 4 \\ 0 & 0 & 1 \end{bmatrix}} \tag{2.25}$$

으로 대각선 행렬 $\boldsymbol{D}$ 와 $\boldsymbol{U}_1$을 얻을 수 있는데 여기서 $\boldsymbol{U}_1$은 $\boldsymbol{L}^T$임을 앞에서 LDU분해라 하였다. 이번 예에서는 $\boldsymbol{D}$의 대각선 원소가 모두 양이므로 $\boldsymbol{D}$를

$$\boldsymbol{D} = \begin{bmatrix} 1 & 0 & 0 \\ 0 & \sqrt{2} & 0 \\ 0 & 0 & 1 \end{bmatrix} \begin{bmatrix} 1 & 0 & 0 \\ 0 & \sqrt{2} & 0 \\ 0 & 0 & 1 \end{bmatrix} \tag{2.26}$$

로 쓸 수 있다. 따라서 원래 행렬 $\boldsymbol{A}$는

$$\boldsymbol{A} = \boldsymbol{L}\boldsymbol{D}^{1/2}\boldsymbol{D}^{1/2}\boldsymbol{U}_1 = \boldsymbol{L}\boldsymbol{D}^{1/2}\boldsymbol{D}^{1/2}\boldsymbol{L}^T = \boldsymbol{L}\boldsymbol{D}^{1/2}(\boldsymbol{L}\boldsymbol{D}^{1/2})^T = \boldsymbol{C}\boldsymbol{C}^T \tag{2.27}$$

로 $\boldsymbol{A}$를 두 행렬의 곱으로 표시할 수 있다.

위에서 본 예와 같이 $\boldsymbol{D}$의 대각선 원소가 모두 양인 경우에 $\boldsymbol{A}$는 양정치 행렬 또는 postive difinite 행렬 또는 간단히 pd라고 한다.이와 같이 만일 $\boldsymbol{D}$의 대각선 원소가 음이 아니면 $\boldsymbol{A}$는 반양정치 (positive semi definite; psd) 행렬이라고 부른다. 통계학에서 만나는 분산 공분산 행렬은 모두 반양정치 행렬이다.

어떤 $n \times n$ 행렬 $\boldsymbol{A}$가 **양정치** 또는 반양정치 행렬이라 할 때 이 의미는 모든 실수 벡터 $\boldsymbol{x}(\in \mathbb{R}^n)$ 에 대해

$$\boldsymbol{x}^T \boldsymbol{A}\boldsymbol{x} > (\geq) 0 \tag{2.28}$$

이 성립함을 의미한다. 통계학적인 의미로 만일 어떤 확률 벡터 $\boldsymbol{X}$의 분산 공분산 행렬이 $\boldsymbol{\Sigma}$이면 임의의 벡터 $\boldsymbol{a} \in \mathbb{R}^n$ 에 대해 $\boldsymbol{a}^T\boldsymbol{X}$의 분산은 $\boldsymbol{a}^T\boldsymbol{\Sigma}\boldsymbol{a}$ 이고 분산이므로 이 값은 음이 될 수 없다. 따라서 $\boldsymbol{\Sigma}$는 (반)양정치 행렬이라야 한다.

$\boldsymbol{A} = \boldsymbol{C}\boldsymbol{C}^T$로 대칭인 반양정치 행렬을 분해하는 것을 Cholesky 분해라고 하며 이 분해는 선형 연립방정식에서 계수 행렬이 대칭일 때 해를 구하는데 유용하게 사용된다.

대칭행렬의 분해를 구할 때는 메모리를 절약하기 위해 행렬의 원소를 벡터에 저장하기도 한다. 이는 대칭행렬에서 $a_{ij} = a_{ji}$이므로 대각선을 기준으로 아래쪽과 위쪽 중의 어느 한 부분만 저장하면 되기 때문이다.

보기 2.1. 기대값이 $\boldsymbol{\mu} = (\mu_1, \mu_2)^T$이고 분산공분산 행렬이

$$\boldsymbol{\Sigma} = \begin{bmatrix} \sigma_1^2 & \rho\sigma_1\sigma_2 \\ \rho\sigma_1\sigma_2 & \sigma_2^2 \end{bmatrix} \tag{2.29}$$

인 확률벡터 $\boldsymbol{X} = (X_1, X_2)$를 생각해보자. 상관계수는 ρ이다. 먼저 LU 분해를 하면 $\boldsymbol{L}$과 $\boldsymbol{U}$는

$$\boldsymbol{L} = \begin{bmatrix} 1 & 0 \\ \rho\dfrac{\sigma_2}{\sigma_1} & 1 \end{bmatrix} \quad \boldsymbol{U} = \begin{bmatrix} \sigma_1^2 & \rho\sigma_1\sigma_2 \\ 0 & \rho^2(1-\sigma_2^2) \end{bmatrix} \tag{2.30}$$

이 되며 대각선 행렬 $\boldsymbol{D}$를 $\mathrm{diag}\{\sigma_1, \rho\sqrt{1-\sigma_2^2}\}$로 하면 $\boldsymbol{\Sigma} = \boldsymbol{L}\boldsymbol{D}^{1/2}\boldsymbol{D}^{1/2}\boldsymbol{U}$로 분해됨을 볼 수 있다.

이에 따라 $\boldsymbol{C} = \boldsymbol{L}\boldsymbol{D}^{1/2}$로 잡으면 $\boldsymbol{\Sigma} = \boldsymbol{C}\boldsymbol{C}^T$로 Cholesky 분해가 되는 $\boldsymbol{C}$는

$$\boldsymbol{C} = \begin{bmatrix} \sigma_1 & 0 \\ \rho\sigma_2 & \rho\sqrt{1-\sigma_2^2} \end{bmatrix} \tag{2.31}$$

이 된다.

만일 $\boldsymbol{Z} = (Z_1, Z_2)^T \sim N(\boldsymbol{0}, \boldsymbol{I})$인 확률벡터라고 하면 $\boldsymbol{X} \overset{d}{=} \boldsymbol{C}\boldsymbol{Z} + \boldsymbol{\mu} \sim N(\boldsymbol{\mu}, \boldsymbol{C}\boldsymbol{C}^T)$이며 이를 각각의 X_1, X_2에 대해 풀어보면

$$\begin{aligned} X_1 &= \sigma_1 Z_1 + \mu_2 \\ X_2 &= \rho\sigma_2 Z_1 + \rho\sqrt{1-\sigma_2^2} \cdot Z_2 + \mu_2 \\ &= \rho\frac{\sigma_2}{\sigma_1}(X_1 - \mu_1) + \rho\sqrt{1-\sigma_2^2} \cdot Z_2 + \mu_2 \end{aligned} \tag{2.32}$$

임을 알 수 있다. 위의 X_2가 정규분포임을 안다면 위 식은 $X_2|X_1$의 분포

$$X_2|X_1 \sim N\Big(\mu_2 + \rho\frac{\sigma_2}{\sigma_1}(X_1 - \mu_1), \rho^2(1-\sigma_2^2)\Big)$$

와 일치됨을 볼 수 있다. ■

연습문제

2.1 다음 연립방정식

$$\left\{ \begin{array}{rcrcrcr} 2x_1 & + & 4x_2 & + & 2x_3 & = & 4 \\ 4x_1 & + & 7x_2 & + & 7x_3 & = & 13 \\ -2x_1 & - & 7x_2 & + & 5x_3 & = & 7 \end{array} \right. \tag{2.33}$$

의 해를 행소거법과 열 소거법을 이용하여 구하여라. 이 때 각각의 경우에 LDU분해도 얻어 보아라.

2.2 다음 행렬

$$\boldsymbol{A} = \begin{bmatrix} 1.0 & 0.5 & 0.5 \\ 0.5 & 1.0 & 0.5 \\ 0.5 & 0.5 & 1.0 \end{bmatrix} \tag{2.34}$$

이 양정치 행렬이라는 것은 연습문제 1.7에서 보았다. 이 행렬의 Cholesky 분해를 구하여 보아라.

2.3 다음 행렬은 어떤 확률변수 $\boldsymbol{X}$의 분산 공분산 행렬이 될 수 있는가?

$$\boldsymbol{A} = \begin{bmatrix} 8 & -7 & -7 \\ -7 & 8 & -7 \\ -7 & -7 & 8 \end{bmatrix} \tag{2.35}$$

될 수 있거나 또는 없다면 그 이유는 무엇인가?

제 3 장

반복법

제 2 장에서 본 방법으로

$$Ax = b \tag{3.1}$$

의 해를 구하는 방법은 계산 시간이 미지수의 개수 n일 때 n^3에 비례하므로 n이 조금만 커지면 계산 시간이 엄청나게 늘어나고 따라서 미지수의 개수가 많을 때에는 가우스 소거법이 아닌 다른 방법을 모색하여야 할 경우가 있다. 이 장에서는 식 (3.1)을 $\boldsymbol{x}$에 대해 푸는 방법 중에서 반복(iteration)하는 알고리즘을 사용하는 경우에 대해 알아보기로 한다.

식 (3.1)의 $\boldsymbol{x}$에 대한 근사해를 $\tilde{\boldsymbol{x}}$ 라 하고 참값 $\boldsymbol{x}$와 $\tilde{\boldsymbol{x}}$의 차이를 오차

$$\boldsymbol{e} = \boldsymbol{x} - \tilde{\boldsymbol{x}} \tag{3.2}$$

라고 두자. 또 $\boldsymbol{r}$을

$$\boldsymbol{r} = \boldsymbol{b} - \boldsymbol{A}\tilde{\boldsymbol{x}} \tag{3.3}$$

라 하자. 그러면 $\boldsymbol{b} = \boldsymbol{A}\boldsymbol{x}$를 식 (3.3)에 대입하면 이 식은

$$\boldsymbol{A}(\boldsymbol{x} - \tilde{\boldsymbol{x}}) = \boldsymbol{A}\boldsymbol{e} = \boldsymbol{r} \tag{3.4}$$

로 다시 쓸 수 있다. 반복법에서는 $\boldsymbol{Ax} = \boldsymbol{b}$를 풀기 위해서 $\boldsymbol{x}$의 초기 추정값 $\tilde{\boldsymbol{x}}$에서 시작하여 잔차 $\boldsymbol{r} = \boldsymbol{b} - \boldsymbol{A}\tilde{\boldsymbol{x}}$을 계산한다. 이제 해 $\boldsymbol{x}$를 $\boldsymbol{x} = \tilde{\boldsymbol{x}} + \boldsymbol{e}$ 인 관계를 이용해 얻으려면 $\boldsymbol{e}$를 얻으면 되는데 이 값을 구하기 위해 $\boldsymbol{Ae} = \boldsymbol{r}$을 계산하면 되는데 여기서 $\boldsymbol{A}$를 직접 사용하지 않고 $\boldsymbol{A}$의 ($\boldsymbol{A}$ 보다 단순한) 근사행렬인 $\boldsymbol{S}$를 취하여

$$\boldsymbol{Se} = \boldsymbol{r} \tag{3.5}$$

을 $\boldsymbol{e}$에 대하여 푼다. 여기서 얻어진 $\boldsymbol{e}$는 실제 오차에 대한 근사값이 된다. 그런데 $\boldsymbol{Ax} = \boldsymbol{b}$의 해인 $\boldsymbol{x}$는 식 (3.2)에 의해

$$\boldsymbol{x} = \tilde{\boldsymbol{x}} + \boldsymbol{e} \tag{3.6}$$

로 구할 수 있다. 이 과정을 요약하면

1. $\boldsymbol{x}^{\text{old}}$로부터 $\boldsymbol{r} = \boldsymbol{b} - \boldsymbol{Ax}^{\text{old}}$를 얻는다.
2. $\boldsymbol{A}$의 근사 행렬 $\boldsymbol{S}$를 사용하여 $\boldsymbol{Se} = \boldsymbol{r}$ 을 풀어 $\boldsymbol{e}$를 얻는다.
3. $\boldsymbol{x}^{\text{new}} = \boldsymbol{x}^{\text{old}} + \boldsymbol{e}$ 를 얻는다.

이 된다. 이 과정을 $\boldsymbol{r}$이 $\boldsymbol{0}$로 수렴할 때까지 반복하여 얻어지는 값이 해가 된다. 위의 세 단계는 좀더 간단히 할 수 있다. 위의 알고리즘의 세번째 항의 양변에 $\boldsymbol{S}$를 곱하면

$$\boldsymbol{Sx}^{\text{new}} = \boldsymbol{Sx}^{\text{old}} + \boldsymbol{Se} \tag{3.7}$$

인데 $\boldsymbol{Se} = \boldsymbol{r} = \boldsymbol{b} - \boldsymbol{Ax}^{\text{old}}$ 이므로

$$\boldsymbol{Sx}^{\text{new}} = \boldsymbol{Sx}^{\text{old}} + \boldsymbol{b} - \boldsymbol{Ax}^{\text{old}} \tag{3.8}$$

$$= (\boldsymbol{S} - \boldsymbol{A})\boldsymbol{x}^{\text{old}} + \boldsymbol{b} \tag{3.9}$$

이 된다. $\boldsymbol{T}$를 $\boldsymbol{T} = \boldsymbol{S} - \boldsymbol{A}$ 라고 하면

$$\boldsymbol{S}\boldsymbol{x}^{\text{new}} = \boldsymbol{T}\boldsymbol{x}^{\text{old}} + \boldsymbol{b} \tag{3.10}$$

이다. 식 (3.10)에서 얻은 $\boldsymbol{x}^{\text{new}}$는 위에서 준 세 과정의 알고리즘으로 얻는 $\boldsymbol{x}^{\text{new}}$와 같다.

만일 식 (3.10)이 수렴한다면, 즉 $\boldsymbol{x}^{\text{old}} = \boldsymbol{x}^{\text{new}} = \boldsymbol{x}$ 가 성립한다면 식 (3.10)은

$$\boldsymbol{S}\boldsymbol{x} = \boldsymbol{T}\boldsymbol{x} + \boldsymbol{b} \tag{3.11}$$

가 되고 $\boldsymbol{T} = \boldsymbol{S} - \boldsymbol{A}$이므로 이는

$$(\boldsymbol{S} - \boldsymbol{T})\boldsymbol{x} = \boldsymbol{A}\boldsymbol{x} = \boldsymbol{b} \tag{3.12}$$

가 되어 수렴하는 값이 $\boldsymbol{A}\boldsymbol{x} = \boldsymbol{b}$의 해가 됨을 알 수 있다. 이제 $\boldsymbol{A}$의 근사행렬 $\boldsymbol{S}$를 선택하는 방법과 그에 따른 알고리즘에 대해 알아보자.

3.1. Jacobi 방법

Jacobi 방법은 $\boldsymbol{A}$의 근사 행렬 $\boldsymbol{S}$를 $\boldsymbol{A}$의 대각선 행렬로 취하는 방법이다. 예를 들어

$$\begin{bmatrix} 4 & 1 & 0 \\ -1 & 3 & -1 \\ 0 & 1 & 2 \end{bmatrix} \begin{bmatrix} x_1 \\ x_2 \\ x_3 \end{bmatrix} = \begin{bmatrix} 6 \\ 2 \\ 8 \end{bmatrix} \tag{3.13}$$

를 $\boldsymbol{x}$에 대해 푸는 것을 생각해 보자. 그러면

$$\boldsymbol{S} = \begin{bmatrix} 4 & 0 & 0 \\ 0 & 3 & 0 \\ 0 & 0 & 2 \end{bmatrix} \tag{3.14}$$

이고 $\boldsymbol{T} = \boldsymbol{S} - \boldsymbol{A}$이므로

$$\boldsymbol{T} = \begin{bmatrix} 4 & 0 & 0 \\ 0 & 3 & 0 \\ 0 & 0 & 2 \end{bmatrix} - \begin{bmatrix} 4 & 1 & 0 \\ -1 & 3 & -1 \\ 0 & 1 & 2 \end{bmatrix} = \begin{bmatrix} 0 & -1 & 0 \\ 1 & 0 & 1 \\ 0 & -1 & 0 \end{bmatrix} \tag{3.15}$$

이다. 따라서 식 (3.10)은

$$\begin{bmatrix} 4 & 0 & 0 \\ 0 & 3 & 0 \\ 0 & 0 & 2 \end{bmatrix} \begin{bmatrix} x_1^{\text{new}} \\ x_2^{\text{new}} \\ x_3^{\text{new}} \end{bmatrix} = \begin{bmatrix} 6 \\ 2 \\ 8 \end{bmatrix} + \begin{bmatrix} 0 & -1 & 0 \\ 1 & 0 & 1 \\ 0 & -1 & 0 \end{bmatrix} \begin{bmatrix} x_1^{\text{old}} \\ x_2^{\text{old}} \\ x_3^{\text{old}} \end{bmatrix} \tag{3.16}$$

가 된다. 행렬로 표시된 위의 식을 풀어 써 보면

$$\begin{aligned} 4x_1^{\text{new}} &= 6 - x_2^{\text{old}} \\ 3x_2^{\text{new}} &= 2 + x_1^{\text{old}} + x_3^{\text{old}} \\ 2x_3^{\text{new}} &= 8 - x_2^{\text{old}} \end{aligned} \tag{3.17}$$

이고 따라서 이 식은

$$\begin{aligned} x_1^{\text{new}} &= \frac{6 - x_2^{\text{old}}}{4} \\ x_2^{\text{new}} &= \frac{2 + 4x_1^{\text{old}} + x_3^{\text{old}}}{3} \\ x_3^{\text{new}} &= \frac{8 - x_2^{\text{old}}}{2} \end{aligned} \tag{3.18}$$

이 된다. 위의 예에서 바로 확인할 수 있는 것은 임의의 $n \times n$ 행렬 $\boldsymbol{A}$에 대하여 이 식의 일반적인 모양은

$$x_i^{\text{new}} = \frac{b_i - \sum_{j=1}^{i-1} a_{ij} x_j^{\text{old}} - \sum_{j=i+1}^{n} a_{ij} x_j^{\text{old}}}{a_{ii}} \qquad i = 1, 2, \ldots, n. \tag{3.19}$$

임을 바로 알 수 있다. 이 알고리즘은

```
DO I = 1, N
  SUM = 0.
  IF (I .GT. 1.5) THEN
     DO J = 1, I-1
       SUM = SUM + A(I,J)*XOLD(J)
     ENDDO
  ENDIF
  IF (I .LT. N-1) THEN
    DO J = I+1, N
      SUM = SUM + A(I,J)*XOLD(J)
    ENDDO
  ENDIF
  XNEW(I) = (B(I) - SUM)/A(I,I)
 ENDDO
```

로 일대일로 만들 수도 있다.[1] 표 3.1에는 식 (3.13)의 해를 얻기 위해 Jacobi 방법을 사용하여 수렴하는 과정을 실었다. 이 표에서 사용한 초기값은 $\boldsymbol{x} = (0,0,0)^T$ 이다.

3.2. Gauss-Seidel 방법

Gauss-Seidel 방법은 Jacobi 방법의 식 (3.19)를 변형한 것으로

$$x_i^{\text{new}} = \frac{b_i - \sum_{j=1}^{i-1} a_{ij} x_j^{\text{new}} - \sum_{j=i+1}^{n} a_{ij} x_j^{\text{old}}}{a_{ii}} \qquad i = 1, 2, \ldots, n. \tag{3.20}$$

으로 얻어진다. 이 알고리즘은 i 번째 x_i^{new}를 계산할 때 j의 값이 1부터 $(i-1)$ 사이인 x_j^{new} 가 이미 계산되어 있으므로 이들을 사용하여 수렴 속도를 좀더 빠르게 하자는데 목적이 있다. Gauss-Seidel 방법으로 식 (3.13)을

[1]식 (3.19)의 분자에 있는 합은 전체 합 $\sum_{j=1}^{n} a_{ij} x_j^{\text{old}}$ 에서 i 번째 항 $a_{ii}x_i$ 만 빼주면 되므로 위의 방법은 불필요한 계산이 너무 많다는 것을 알 수 있다.

표 3.1: Jacobi 방법에 의한 결과

반복	x_1	x_2	x_3
0	0	0	0
1	1.500	0.667	4.000
2	1.333	2.500	3.667
3	0.875	2.333	2.750
4	0.917	1.875	2.833
5	1.031	1.917	3.063
6	1.021	2.031	3.042
7	0.992	2.021	2.984
8	0.995	1.992	2.990
9	1.002	1.995	3.004
10	1.001	2.002	3.003
11	1.000	2.001	2.999
12	1.000	2.000	2.999
13	1.000	2.000	3.000

푼 과정은 표 3.2에 정리하였다. 이 표에서도 $\boldsymbol{x}$의 초기치는 $(0,0,0)^T$를 사용하였다.

한편, 식 (3.20)을 다시 써 보면

$$a_{ii}x_i^{\text{new}} = b_i - \sum_{j=1}^{i-1} a_{ij}x_j^{\text{new}} - \sum_{j=i+1}^{n} a_{ij}x_j^{\text{old}} \qquad i = 1, 2, \ldots, n. \tag{3.21}$$

이고 이는

$$\sum_{j=1}^{i} a_{ij}x_j^{\text{new}} = b_i - \sum_{j=i+1}^{n} a_{ij}x_j^{\text{old}} \qquad i = 1, 2, \ldots, n. \tag{3.22}$$

가 된다. 즉,

1. $\boldsymbol{S}$는 $\boldsymbol{A}$의 대각선을 포함한 대각선 아래부분만 취하고

2. $\boldsymbol{T}$는 $\boldsymbol{A}$의 대각선 위의 부분만 취하여 부호를 바꾸면

표 3.2: Gauss-Seidel 방법에 의한 결과

반복	x_1	x_2	x_3
0	0	0	0
1	1.500	1.167	3.417
2	1.208	2.208	2.896
3	0.948	1.948	3.026
4	1.013	2.013	2.993
5	0.997	1.997	3.002
6	1.001	2.001	3.000
7	1.000	2.000	3.000

앞의 식 (3.22)는 다음과 같이 행렬과 벡터의 형태로 바꾸어 쓸 수 있다.

$$\underbrace{\begin{bmatrix} a_{11} & 0 & 0 \\ a_{21} & a_{22} & 0 \\ a_{31} & a_{32} & a_{33} \end{bmatrix}}_{\boldsymbol{S}} \underbrace{\begin{bmatrix} x_1^{\text{new}} \\ x_2^{\text{new}} \\ x_3^{\text{new}} \end{bmatrix}}_{\boldsymbol{x}^{\text{new}}} = \underbrace{\begin{bmatrix} b_1 \\ b_2 \\ b_3 \end{bmatrix}}_{\boldsymbol{b}} - \underbrace{\begin{bmatrix} 0 & a_{12} & a_{13} \\ 0 & 0 & a_{23} \\ 0 & 0 & 0 \end{bmatrix}}_{-\boldsymbol{T}} \underbrace{\begin{bmatrix} x_1^{\text{old}} \\ x_2^{\text{old}} \\ x_3^{\text{old}} \end{bmatrix}}_{\boldsymbol{x}^{\text{old}}} \tag{3.23}$$

따라서 $\boldsymbol{S}\boldsymbol{x}^{\text{new}} = \boldsymbol{b} + \boldsymbol{T}\boldsymbol{x}^{\text{old}}$ 가 얻어지며 이는 앞의 Jacobi 방법에 비교하면 $\boldsymbol{A} = \boldsymbol{S} - \boldsymbol{T}$ 인 것은 같으나 $\boldsymbol{S}$와 $\boldsymbol{T}$의 모양은 변경된 것을 알 수 있다. 즉 Gauss-Seidel 방법은 $\boldsymbol{A}$의 근사 행렬 $\boldsymbol{S}$로 $\boldsymbol{A}$의 대각선과 대각선 아래 부분을 취한 하대각 행렬을 사용하며 이 방법도 여전히 반복법 중의 하나임을 알 수 있다. 이와 같은 방법을 n 차원의 경우로 확장하면 Gauss-Seidel 방법은 반복법의 하나로 식 (3.12)에서 $\boldsymbol{A} = \{a_{ij}\}_{i,j=1,2,\ldots,n}$에 대해서 $\boldsymbol{S}$와 $\boldsymbol{T}$를 각각

$$\boldsymbol{S} = \begin{bmatrix} a_{11} & 0 & 0 & \cdots & 0 \\ a_{21} & a_{22} & 0 & \cdots & 0 \\ a_{31} & a_{32} & a_{33} & \cdots & 0 \\ \vdots & \vdots & \vdots & \vdots & \vdots \\ a_{n1} & a_{n2} & a_{n3} & \cdots & a_{nn} \end{bmatrix} \tag{3.24}$$

과

$$\boldsymbol{T} = \begin{bmatrix} 0 & -a_{12} & -a_{13} & \cdots & -a_{1n} \\ 0 & 0 & -a_{23} & \cdots & -a_{2n} \\ 0 & 0 & 0 & \cdots & -a_{3n} \\ \vdots & \vdots & \vdots & \vdots & \vdots \\ 0 & 0 & 0 & \cdots & 0 \end{bmatrix} \tag{3.25}$$

로 취하는 방법이다. 위의 $\boldsymbol{S}$와 $\boldsymbol{T}$를 사용하여

$$\boldsymbol{S}(\boldsymbol{x}^{\mathrm{new}} - \boldsymbol{x}^{\mathrm{old}}) = \boldsymbol{b} - \boldsymbol{A}\boldsymbol{x}^{\mathrm{old}} \tag{3.26}$$

의 i 번째 원소를 찾아보면

$$\sum_{j=1}^{i} a_{ij}(x_j^{\mathrm{new}} - x_j^{\mathrm{old}}) = b_i - \sum_{j=1}^{n} a_{ij}x_j^{\mathrm{old}}$$

이며 이는

$$\sum_{j-1}^{i} a_{ij}x_j^{\mathrm{new}} = b_i - \sum_{j=i+1}^{n} a_{ij}x_j^{\mathrm{old}}$$

$$a_{ii}x_i^{\mathrm{new}} = b_i - \sum_{j=1}^{i-1} a_{ij}x_j^{\mathrm{new}} - \sum_{j=i+1}^{i} a_{ij}x_j^{\mathrm{old}}$$

이다. 이를 x_i^{new}에 대해 풀면 식 (3.20)이 얻어진다.

3.3. Relaxation 방법

식 (3.20)의 Gauss-Seidel 방법에서 분자에 $a_{ii}x_i^{\mathrm{old}}$ 를 더하고 빼주면 식 (3.20)은

$$x_i^{\mathrm{new}} = x_i^{\mathrm{old}} + \frac{b_i - \sum_{j=1}^{i-1} a_{ij}x_j^{\mathrm{new}} - \sum_{j=i}^{n} a_{ij}x_j^{\mathrm{old}}}{a_{ii}} \qquad i = 1, 2, \ldots, n. \tag{3.27}$$

으로 다시 쓸 수 있다. 이 때

$$\frac{b_i - \sum_{j=1}^{i-1} a_{ij}x_j^{\text{new}} - \sum_{j=i}^{n} a_{ij}x_j^{\text{old}}}{a_{ii}}$$

는 x_i^{new} x_i^{old}의 차이이므로 이 값을 잘 조절하여 수렴하는 속도를 빠르게 해줄 수 있다. 만일 수렴하는 방법이 참값을 기준으로 좌우로 진동하면서 수렴하면 ω를 1보다 작은 적당한 값으로 하면 더 빨리 수렴할 것이다. 만일 한쪽에서 monotone 한 수렴을 하는 경우는 1보다 큰 적당한 값을 이 값에 곱해 주면 수렴속도를 올릴 수 있을 것이다. 이러한 관점에서 relaxation 방법은 식 (3.27)에 적당한 모수 ω 를 넣어서 다음과 같이 얻는다.

$$x_i^{\text{new}} = x_i^{\text{old}} + \frac{w\Big(b_i - \sum_{j=1}^{i-1} a_{ij}x_j^{\text{new}} - \sum_{j=i}^{n} a_{ij}x_j^{\text{old}}\Big)}{a_{ii}} \qquad i = 1, 2, \ldots, n. \tag{3.28}$$

이 때 ω가 1보다 크면 successive overrelaxation 또는 SOR이라고 하고 1보다 작으면 successive underrelaxation이라고 한다. 물론 $\omega = 1$ 이면 Gauss-Seidel 방법이 된다. Relaxation 방법도 앞의 Gauss-Seidel 방법과 마찬가지로 다시 써 보면 $\boldsymbol{S}$가

$$\boldsymbol{S} = \begin{bmatrix} a_{11}/\omega & 0 & 0 \\ a_{21} & a_{22}/\omega & 0 \\ a_{31} & a_{32} & a_{33}/\omega \end{bmatrix} \tag{3.29}$$

로 얻어지는 것을 알 수 있다. 즉 relaxation 방법은 Gauss-Seidel 방법의 $\boldsymbol{S}$에서 대각선을 키우든지 줄이는 방법이라는 것을 알 수 있다. 이 때 ω의 선택에 따라서는 relaxation 방법이 수렴 속도를 빠르게 하기도 하고 때로 잘못 선택한 ω는 relaxation 방법이 수렴 속도를 느리게 하거나 경우에 따라서는 아예 수렴하지 않게 하기도 한다. 표 3.3은 식 (3.13)을 풀 때 $\omega = 0.95$를 사

표 3.3: Relaxation 방법에 의한 식 (3.13)의 해 ($\omega = 0.95$)

반복	x_1	x_2	x_3
0	0	0	0
1	1.425	1.085	3.285
2	1.239	2.120	2.957
3	0.983	1.987	3.004
4	1.002	2.001	3.000
5	1.000	2.000	3.000

용하여 Gauss Seidel 방법보다 빠르게 수렴하는 예이며 표 3.4는 ω를 1.5로 사용하였을 때 수렴하지 않는 예이다. ω의 어떤 값이 수렴 속도를 더 빠르게 하는지는 제 3.4 절에서 설명하기로 한다.

3.4. 수렴

식 (3.10)에서 본 splitting 방법의 알고리즘은 초기치 $\boldsymbol{x}_0$에서 시작하여 k 번째 값이 있을 때 $\boldsymbol{x}_{k+1}$는

$$\boldsymbol{S}\boldsymbol{x}_{k+1} = \boldsymbol{T}\boldsymbol{x}_k + \boldsymbol{b} \tag{3.30}$$

으로 얻어진다. 만일 일차원에서 이 알고리즘이 적용된다면 위의 식은 $\boldsymbol{S} \neq 0$ 일 때

$$\boldsymbol{x}_{k+1} = \frac{\boldsymbol{T}}{\boldsymbol{S}}\boldsymbol{x}_k + \frac{\boldsymbol{b}}{\boldsymbol{S}} \tag{3.31}$$

이고 이 수열은

$$\boldsymbol{x}_{k+1} + \frac{\boldsymbol{b}}{\boldsymbol{T}-\boldsymbol{S}} = \frac{\boldsymbol{T}}{\boldsymbol{S}}\Big(\boldsymbol{x}_k + \frac{\boldsymbol{b}}{\boldsymbol{T}-\boldsymbol{S}}\Big) \tag{3.32}$$

으로 다시써 보면 이 수열이 수렴하기 위한 조건은 위의 등비수열의 공비 $\boldsymbol{U} = \boldsymbol{T}/\boldsymbol{S}$의 크기가 1보다 작을 경우이다. $\boldsymbol{U}$의 값에 따라서 수렴여부 및 수렴하는 속도와 수렴하는 방향이 결정된다. 그림 3.1에서 보는 것처럼 $\boldsymbol{U}$가 음수이면서 크기가 1보다 작으면 수렴하는 값을 중심으로 좌우로 움직이며 수렴하며 $\boldsymbol{U}$의 값이 양수이면서 크기가 1보다 작으면 한 방향으로 움직이

표 3.4: Relaxation 방법에 의한 식 (3.13)의 해 ($\omega = 1.5$)

반복	x_1	x_2	x_3
0	0	0	0
1	2.250	2.125	4.406
2	0.328	2.305	2.068
3	1.222	1.493	3.846
4	1.079	2.717	2.039
5	0.692	1.007	4.225
6	1.526	3.372	1.359
7	0.222	0.104	5.242
8	2.100	4.619	−0.085
8	−0.532	−1.618	7.256
10	3.123	6.999	−2.877
11	−1.936	−4.906	11.118
12	5.058	11.540	−8.214
13	−4.606	−11.181	18.493
14	8.746	20.210	−18.403

며 수렴하는 것을 알 수 있다.

이제 일차원이 아닌 경우에 대해 생각해 보자. $(k+1)$ 번째의 알고리즘은 식 (3.30)으로 얻어지고 참값 $\boldsymbol{x}$는

$$\boldsymbol{S}\boldsymbol{x} = \boldsymbol{T}\boldsymbol{x} + \boldsymbol{b} \tag{3.33}$$

가 성립하므로 식 (3.30)에서 위의 식을 빼 주면

$$\boldsymbol{S}(\boldsymbol{x}_{k+1} - \boldsymbol{x}) = \boldsymbol{T}(\boldsymbol{x}_k - \boldsymbol{x}) \tag{3.34}$$

이 얻어진다. $(k+1)$ 번째 반복에서의 오차를 $\boldsymbol{e}_{k+1}$이라고 하면

$$\boldsymbol{S}\boldsymbol{e}_{k+1} = \boldsymbol{T}\boldsymbol{e}_k \tag{3.35}$$

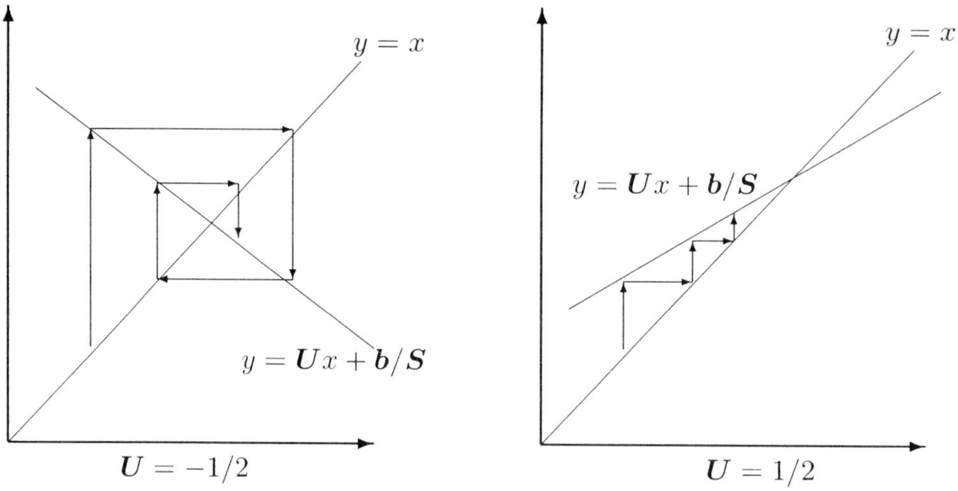

그림 3.1: 반복법의 수렴 방향

가 되며 일차원의 경우와 마찬가지로 $\boldsymbol{U} = \boldsymbol{S}^{-1}\boldsymbol{T}$라고 하면 위 식은

$$\boldsymbol{e}_{k+1} = \boldsymbol{S}^{-1}\boldsymbol{T}\boldsymbol{e}_k = \boldsymbol{U}\boldsymbol{e}_k \tag{3.36}$$

로 쓸 수 있다. 따라서 수열 $\boldsymbol{e}_k$의 일반항은

$$\boldsymbol{e}_k = \boldsymbol{U}^k\boldsymbol{e}_0 \tag{3.37}$$

가 되어서 k가 증가할 때 $\boldsymbol{U}^k$가 $\boldsymbol{0}$로 수렴하면 오차 $\boldsymbol{e}_k$는 $\boldsymbol{0}$로 수렴하게 되어서 우리가 사용하는 알고리즘은 수렴하게 된다. 곱의 norm은 각각의 norm의 곱보다 작으므로

$$||\boldsymbol{e}_k|| \le ||\boldsymbol{U}^k||||\boldsymbol{e}_0|| \le ||\boldsymbol{U}||^k||\boldsymbol{e}_0|| \tag{3.38}$$

이다. 따라서 $||\boldsymbol{U}|| < 1$ 이면 $k \longrightarrow \infty$ 일 때 $||\boldsymbol{e}_k|| \longrightarrow 0$ 이어서 알고리즘이 수렴함을 알 수 있다. 앞절에서 본 식 (3.13)을 Jacobi 방법으로 풀 때 이 알

고리즘의 수렴 여부를 판단해 보면

$$U = S^{-1}T = \begin{bmatrix} 4 & 0 & 0 \\ 0 & 3 & 0 \\ 0 & 0 & 2 \end{bmatrix}^{-1} \begin{bmatrix} 0 & -1 & 0 \\ 1 & 0 & 1 \\ 0 & -1 & 0 \end{bmatrix} = \begin{bmatrix} 0 & -1/4 & 0 \\ 1/3 & 0 & 1/3 \\ 0 & -1/2 & 0 \end{bmatrix} \tag{3.39}$$

이므로 $||U||_\infty = 2/3$이고 (연습문제 1.8 참조.)

$$||e_k||_\infty \leq \left(\frac{2}{3}\right)^k ||e_0||_\infty \longrightarrow 0 \tag{3.40}$$

임을 알 수 있고 따라서 반복법으로 해를 구할 수 있음을 알 수 있다.

Gauss-Seidel 방법인 경우에는 S와 T가 아래의 식에서와 같이

$$U = S^{-1}T = \begin{bmatrix} 4 & 0 & 0 \\ -1 & 3 & 0 \\ 0 & 1 & 2 \end{bmatrix}^{-1} \begin{bmatrix} 0 & -1 & 0 \\ 0 & 0 & 1 \\ 0 & 0 & 0 \end{bmatrix} = \begin{bmatrix} 0 & -1/4 & 0 \\ 0 & -1/12 & 1/3 \\ 0 & -1/24 & -1/6 \end{bmatrix} \tag{3.41}$$

이므로 ∞-norm 은 5/12이므로 Gauss-Seidal 방법도 수렴하게 된다. Gauss-Seidel 방법에서의 U의 norm이 Jacobi 방법에서 보다 좀더 작은 값이므로 Gauss-Seidel 방법이 좀더 빨리 수렴할 가능성을 여기서 볼 수 있다.

위에서 본 $||U||$를 사용하는 것보다 좀 더 정확한 방법으로 수렴여부를 판단할 수도 있는데 이는 고유치를 이용하는 방법이다. 연습문제 7.3에서 보는 것처럼 Λ 가 행렬 U의 고유치들로 이루어진 대각선 행렬이고 Q가 적당한 직교행렬일 때

$$U = Q\Lambda Q^T \tag{3.42}$$

로 쓸 수 있으므로

$$||U||^k \leq ||Q|| ||\Lambda||^k ||Q^T|| \tag{3.43}$$

이다. 이 결과를 사용하면 대각선 행렬의 p-norm 은 대각선 중의 절대값이 가장 큰 값이므로 분할법의 수렴 여부는 크기가 가장 큰 고유치에 달려 있

음을 알 수 있다. 참고로 위에서 본 예의 행렬 $\boldsymbol{U}$

$$\begin{bmatrix} 0 & -1/4 & 0 \\ 1/3 & 0 & 1/3 \\ 0 & -1/2 & 0 \end{bmatrix} \tag{3.44}$$

의 고유치는 $0, \pm 1/2i$로 크기가 가장 큰 것이 $1/2$이어서 앞에서 본 ∞-norm을 이용한 값 $2/3$보다 좀 더 0에 가까운 값이다. 여기서 고유치를 이용한 방법이 좀더 정확한 한계를 얻을 수 있음의 한 예를 볼 수 있다.

따라서 relaxation 방법을 사용할 때 ω의 선택은 $\boldsymbol{U} = \boldsymbol{S}^{-1}\boldsymbol{T}$ 의 norm을 가장 작게 하는 ω를 선택하면 된다.

연습문제

3.1 제 2 장에서 본 다음 연립 방정식을 Jacobi 방법이나 Gauss-Seidel 방법으로 사용하면 수렴하는지 살펴 보아라.

$$\begin{aligned} 2x_1 &- 4x_2 &+ 2x_3 &= 6 \\ 4x_1 &- 9x_2 &+ 7x_3 &= 20 \\ 2x_1 &+ x_2 &+ 3x_3 &= 14 \end{aligned} \tag{3.45}$$

수렴한다면 해는 무엇인가? 수렴하지 않는다면 그 이유를 설명하여 보아라.

3.2 정방 행렬 $\boldsymbol{A}$의 모든 행에 대해서 i 번째 대각선의 절대값이 i 번째 행의 나머지 원소의 절대값의 합보다 크면, 즉

$$|a_{ii}| \geq \sum_{j \neq i}^{n} |a_{ij}| \tag{3.46}$$

이면 이 행렬은 row diagonally dominant라고 한다.

(a) 선형 연립 방정식 $\boldsymbol{Ax} = \boldsymbol{b}$ 의 계수 행렬 $\boldsymbol{A}$가 row diagonally dominant이면 Jacobi 방법은 항상 수렴함을 보여라.

(b) 선형 연립 방정식 $\boldsymbol{Ax} = \boldsymbol{b}$ 의 계수 행렬 $\boldsymbol{A}$가 row diagonally dominant이면 Gauss-Seidel 방법도 항상 수렴함을 보여라.

3.3 정방 행렬 $\boldsymbol{A}$의 모든 열에 대해서 i 번째 대각선의 절대값이 i 번째 열의 나머지 원소의 절대값의 합보다 크면, 즉

$$|a_{ii}| \geq \sum_{j \neq i}^{n} |a_{ji}| \tag{3.47}$$

이면 이 행렬은 column diagonally dominant라고 한다. 선형 연립 방정식 $\boldsymbol{Ax} = \boldsymbol{b}$의 계수 행렬 $\boldsymbol{A}$가 column diagonally dominant이면 연습문제 3.2의 두 물음이 성립하는가?

제 4 장

비선형 방정식

4.1. 고정점 알고리즘

먼저 하나의 예를 보자. 다음을 만족시키는 해는 대수적으로 풀리지 않는다.

$$x^4 - \sin(x) = 0 \tag{4.1}$$

위의 식을

$$x = \sqrt[4]{\sin(x)} \tag{4.2}$$

라고 다시 쓰고[1] 1을 이 식의 우변에 대입하고 나면 그 값은 0.957767이 된다. 이 값을 다시 식 (4.2)의 우변에 대입하면 0.95099가 된다. 즉 $k = 0, 1, 2, \ldots$에 대해 $x_0 = 1$로 하여

$$x_{k+1} = \sqrt[4]{\sin(x_k)} \tag{4.3}$$

을 다음과 같은 FORTRAN77 코드를 이용하여 반복 계산하면 (Double precision을 사용하였음.)

---

[1] $x = \pm\sqrt[4]{\sin(x)}$이나 음수해는 존재하지 않는 것을 확인할 수 있으므로 식 (4.2)만 풀면 된다.

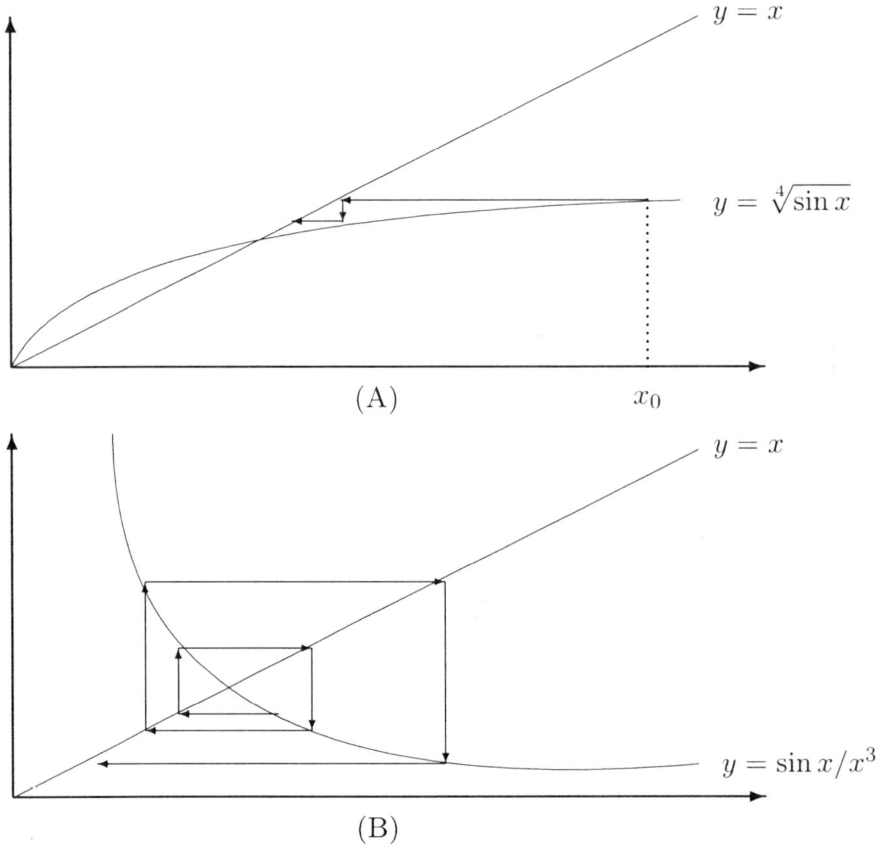

그림 4.1: $x^4 = \sin x$의 해를 구하는 두 방법

```
      XOLD=1.
1     XNEW = DSIN(XOLD)**.25
      IF (DABS(XOLD - XNEW) .LT. 1.D-7) THEN
        WRITE(6,10) XNEW
      ELSE
        WRITE(6,10) XNEW
        XOLD = XNEW
        GOTO 1
      ENDIF
```

다음과 같은 결과가 얻어진다.

0.957766817
0.950990577
0.949849814
0.949623417
0.949617832
0.949616883
0.949616772
0.949616694
0.949616690
0.949616689
0.949616689

인데 마지막 값 0.949616689는 식 (4.2)의 해에 근사한 값임을 알 수 있다. 위의 방법은 $g(x) = \sqrt[4]{\sin(x)}$라 하였을 때

$$x_{k+1} = g(x_k) \tag{4.4}$$

을 반복한 것이다. 이와 같은 알고리즘을 고정점 알고리즘(fixed point algorithm)이라고 한다. 그림 4.1의 (A)에서 $x^4 = \sin x$를 구하는 알고리즘 중

$$g(x) = \sqrt[4]{\sin x} \tag{4.5}$$

로 하였을 때 이 알고리즘이 수렴하는 과정을 볼 수 있다.

이 해를 구하는 방법으로 $g(x)$를 선택하는 방법은 여러 가지가 있을 수 있다. 예를 들어

$$g(x) = \frac{\sin(x)}{x^3} \tag{4.6}$$

라 하면 초기치 1에서 시작할 때

0.841470985
1.251418367
0.484457620
4.096051467
−0.011873930
⋮

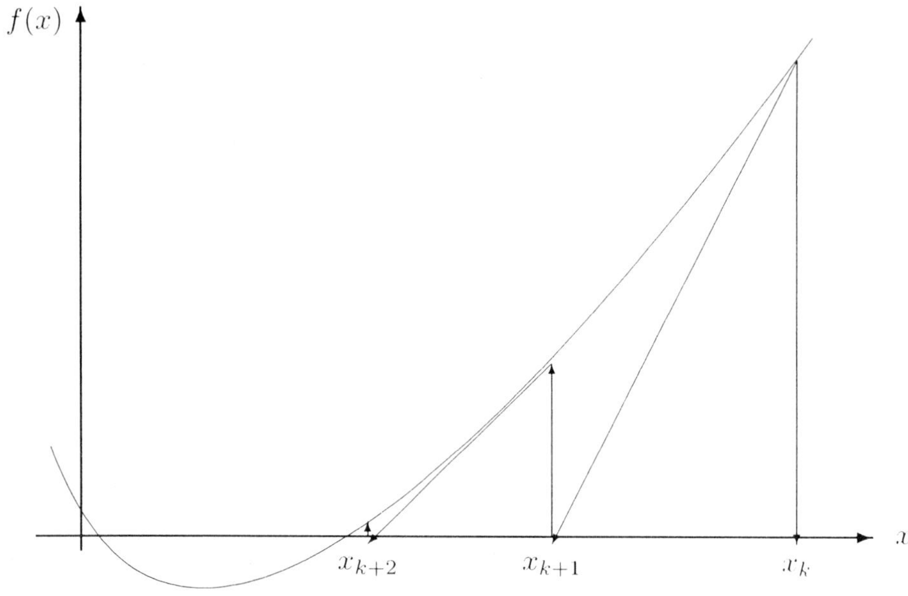

그림 4.2: 뉴튼 방법

로 값을 얻으며 결국은 이 알고리즘으로 값이 수렴하지 않는 것을 볼 수 있다. 그림 4.1의 (B)에 발산하는 과정을 그림으로 설명하였다.

이와 같이 고정점(fixed point) 알고리즘은 같은 문제를 푸는 과정에서도 g의 선택에 따라 그 결과가 수렴할 수도 있고 발산할 수도 있다. 그러면 어떤 경우에 수렴하고 어떤 경우에 발산하는 것일까? 고정점 알고리즘이 수렴하기 위해서는 해 근처에서 $g'(x)$의 절대값이 1 보다 작아야 한다. 4.4절에서 자세한 것을 설명하였으니 참고하자.

4.2. 뉴튼 방법

$f(x)$가 $f(x) = 0$을 만족하는 해를 포함하는 구간에서 미분가능한 경우에 적용할 수 있는 방법에 대해서 알아보자. 이 방법의 변형으로 직접 미분을 하지 않는 방법도 소개하기로 한다.

이 방법 중의 하나가 뉴튼 방법으로 불리는 방법으로 k 번째의 값 x_k에서 $f(x)$의 접선을 구하고 이렇게 구해진 접선의 x 절편을 얻는다. 이를 x_{k+1}로 두고 이러한 접선의 x 절편을 반복하여 얻는 방법이다.

f 가 x_k에서 미분 가능하면 그 접선은

$$y = f(x_k) + f'(x_k)(x - x_k) \tag{4.7}$$

가 되므로 접선의 x 절편 x_{k+1}은

$$x_{k+1} = x_k - \frac{f(x_k)}{f'(x_k)} \tag{4.8}$$

가 된다. (그림 4.2 참조.) 이를 위에서 본 고정점 알고리즘과 비교하면 $f(x) = 0$ 을 풀기 위해 $f(x) = 0$에서 시작하여 양변을 $-f'(x)$로 나누고 다시 x를 양변에 더해준 것과 같은 모양이다. 참고로 만일 $f(x) = ax + b$ 라면 $f'(x) = a$이기 때문에 식 (4.8)은

$$x_{k+1} = x_k - \frac{ax_k + b}{a} = -\frac{b}{a} \tag{4.9}$$

로 한 번에 해로 수렴한다.

뉴튼 방법은 고정점 알고리즘으로 해석하려면 $g(x)$를 여기서 $g_N(x_k)$로 아래와 같이 쓰면

$$g_N(x_k) = x_k - \frac{f(x_k)}{f'(x_k)} \tag{4.10}$$

를 사용한 것이므로 뉴튼 방법도 고정점 알고리즘의 특수한 경우임을 알 수 있다.

앞에서 본

$$f(x) = x^4 - \sin(x) \tag{4.11}$$

에서 $f(x)$를 만족시키는 해를 초기치를 1로 하여 뉴튼 방법을 이용하여 보면

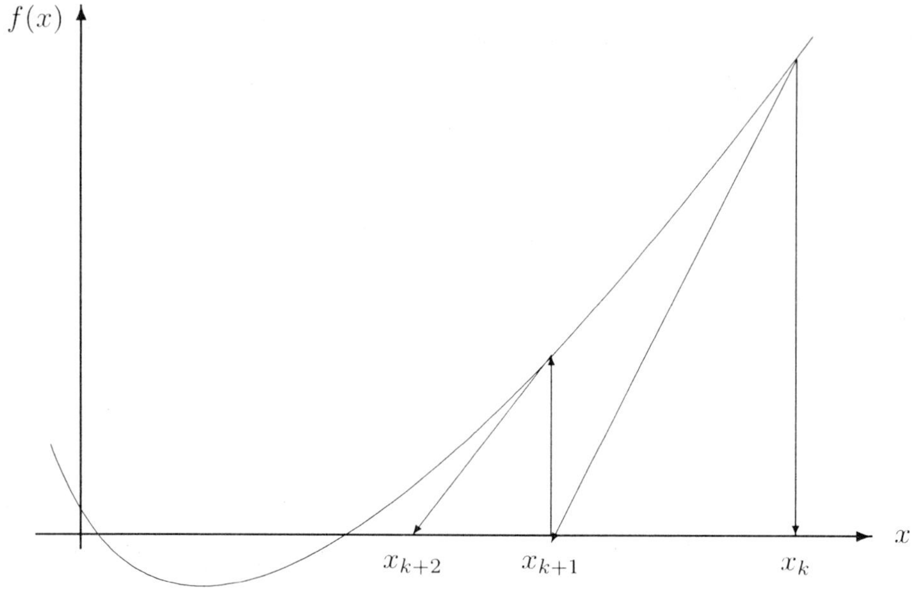

그림 4.3: 변형된 뉴튼 방법

0.954178361
0.949658374
0.949616692
0.949616689
0.949616689

로 앞에서 본 고정점(fixed point) 알고리즘보다 빨리 수렴함을 볼 수 있다.

4.2.1. 변형된 뉴튼 방법

많은 경우에 뉴튼 방법을 쓰려고 할 때 f'를 계산하기가 복잡하거나 0에 빨리 가까와지는 문제가 있다. 이런 경우에 사용하는 방법으로 f'를 한 번만 계산할 수가 있다. 즉,

$$g(x_k) = x_k - \frac{f(x_k)}{f'(x_1)} \tag{4.12}$$

을 계산하므로써 f의 미분값에서 생길 수 있는 문제를 피할 수 있다. 이 방법은 변형된 뉴튼 방법(Modified Newton Method)이라고 불린다. 이 방법은

처음 한 번의 반복 때만 f' 값을 구하기 때문에 계산은 덜 하지만 그림 4.2에서 보는 것처럼 접선의 기울기가 모두 같으므로 수렴 속도가 뉴튼 방법에 비해 느리다. 초기치를 1로 하여 식 (4.11)의 해를 얻기 위해 변형된 뉴튼 방법을 사용한 결과는 표 4.1로 원래의 뉴튼 방법보다 느리다는 것을 알 수 있

0.9541783
0.9503943
0.9497542
0.9496412
0.9496210
0.9496174
0.9496168
0.9496167

표 4.1: 변형된 뉴튼 방법에 의한 $x^4 - \sin(x)$의 해

다.

4.2.2. Secant 방법

뉴튼 방법이 빠른 대신에 미분의 계산이 필요하고 변형된 뉴튼 방법은 미분 계산을 하지 않지만 수렴이 느리므로 뉴튼 방법과 변형된 뉴튼 방법의 중간에 해당하는 방법으로서 secant 방법이 있다. 이 방법은 f'의 근사값을 구하는 방법으로 식 (4.8)의 $f'(x_k)$ 대신에

$$f'(x_k) = \frac{f(x_k) - f(x_{k-1})}{x_k - x_{k-1}} \tag{4.13}$$

을 사용한다. 즉 $f(x) = 0$을 풀기 위해

$$x_{k+1} = x_k - \frac{x_k - x_{k-1}}{f(x_k) - f(x_{k-1})} f(x_k) \tag{4.14}$$

를 계산한다.

위의 반복을 계속하여 수렴하는 결과를 얻는 경우 이 값이 $f(x) = 0$을

만족하는 해가 된다. 이 방법은 $f(x)$의 미분이 바로 얻어지지 않고 수치적으로 계산해야 하는 경우 미분값의 계산에서 많은 계산을 하는 것을 피할 수 있으나, 각 반복에서의 수렴은 느려지게 된다. 하지만 미분을 직접 수치적으로 계산하지 않음으로써 전체 속도는 빨라질 수 있다.

4.3. Bisection method

앞에서 본 뉴튼 방법과 그에서 파생된 방법들은 초기치 x_0가 근에서 가깝지 않으면 수렴하지 않는 경우가 있다. 여기서 볼 bisection 방법은 초기치가 근에서 멀더라도 확실히 수렴하는 방법인데 보통 수렴속도가 느리다는 단점이 있다. 이 방법은 만일 f가 l과 r 사이에서 연속이고 $(l < r)$ $f(l)$과 $f(r)$의 부호가 다르다면 l과 r 사이에는 반드시 $f(x) = 0$을 만족시키는 하나 이상의 근이 존재한다는 사실에서 출발한다. 이 방법을 사용하기 앞서 부호함수를 정의하자.

$$\text{sign}(x) = \begin{cases} 1 & x \geq 0 \text{인 경우} \\ -1 & x < 0 \text{인 경우} \end{cases} \tag{4.15}$$

이제 l과 r에서 f의 부호가 다르다고 가정하고 $s_l = \text{sign}(f(l))$ 이라 두자. 이제 l과 r의 중간값

$$m = \frac{l+r}{2} \tag{4.16}$$

을 취하여 $f(m)$의 부호를 관찰한다. 만일 $\text{sign}(f(m))$의 값이 s_l과 같으면 m과 r 사이에 근이 있고 그렇지 않으면 l과 m 사이에 근이 있으므로 다음과 같은 알고리즘을 생각해 볼 수 있다.

1. $s \leftarrow \text{sign}(f(l))$
2. $m \leftarrow (l+r)/2$
3. 만일 $\text{sign}(f(m)) = s$ 이면 $l \leftarrow m$을 취하고 그렇지 않으면 $r \leftarrow m$을 취한다.

표 4.2: Bisection 방법으로 얻은 $x^4 - \sin(x)$의 해 ($l = 0.1$, $r = 1.0$)

반복수	m	l	r
0	.	0.1	1.0
1	0.550000	0.550000	1.000000
2	0.775000	0.775000	1.000000
3	0.887500	0.887500	1.000000
4	0.943750	0.943750	1.000000
5	0.971875	0.943750	0.971875
6	0.957813	0.943750	0.957813
7	0.950781	0.943750	0.950781
8	0.947266	0.947266	0.950781
9	0.949023	0.949023	0.950781
10	0.949902	0.949023	0.949902
11	0.949463	0.949463	0.949902
12	0.949683	0.949463	0.949683
13	0.949573	0.949573	0.949683
14	0.949628	0.949573	0.949628
15	0.949600	0.949600	0.949628
16	0.949614	0.949614	0.949628
17	0.949621	0.949614	0.949621
18	0.949618	0.949614	0.949618
19	0.949616	0.949616	0.949618
20	0.949617	0.949617	0.949618

4. l과 r의 차이가 충분히 작아질 때까지 위의 알고리즘을 반복한다.

Bisection 방법의 장점은 해를 확실히 구할 수 있다는 것이지만 수렴 속도가 뉴튼 방법 등에 비해 많이 느리다는 단점이 있다. 표 4.2에는 식 (4.2)를 bisection 방법을 적용하여 얻은 결과가 있는데 이 표에서 보는 것과 같이 bisection 방법은 앞의 다른 방법보다 수렴 속도가 느림을 볼 수 있다. 이 표는 다음의 프로그램 수행 결과이므로 참고하기로 한다.

```
REAL LEFT, RIGHT, MID
F(X)  = X**4. - SIN(X)
LEFT=0.1
```

```
      RIGHT=1.
      N = 0
1     MID =(LEFT + RIGHT)/ 2.
      LSGN = SGN(F(LEFT))
      MSGN = SGN(F(MID))
      IF (LSGN .EQ. MSGN) THEN
        LEFT = MID
      ELSE
        RIGHT = MID
      ENDIF
      N = N + 1
      WRITE(6,10) N, MID, LEFT, RIGHT
10    FORMAT(1X,I3,'&', 3(F10.6,'&'))
      IF ((RIGHT-LEFT) .LT. 1E-6) STOP
      GO TO 1
      END

      REAL FUNCTION SGN(X)
       SGN = X/ABS(X)
       RETURN
      END
```

Bisection 방법의 수렴속도는 초기 구간 값을 l_0 와 r_0 라하고 $m_0 = (l_0 + r_0)/2$라 하고 n 번째 반복에서 얻어지는 구간의 양끝점을 l_n, r_n라 하면 한 번 반복할 때마다 구간의 길이가 반으로 줄기 때문에

$$r_n - l_n = \frac{r_{n-1} - l_{n-1}}{2} \tag{4.17}$$

를 얻는다. 따라서 일반항은

$$r_n - l_n = \frac{r_0 - l_0}{2^n} \tag{4.18}$$

으로 m_n을 $(r_n + l_n)/2$라 할 때 $f(\alpha) = 0$을 만족하는 α에 대해

$$|\alpha - m_n| \le \frac{1}{2}(r_n - l_n) = \frac{r_0 - l_0}{2^n} \longrightarrow 0 \tag{4.19}$$

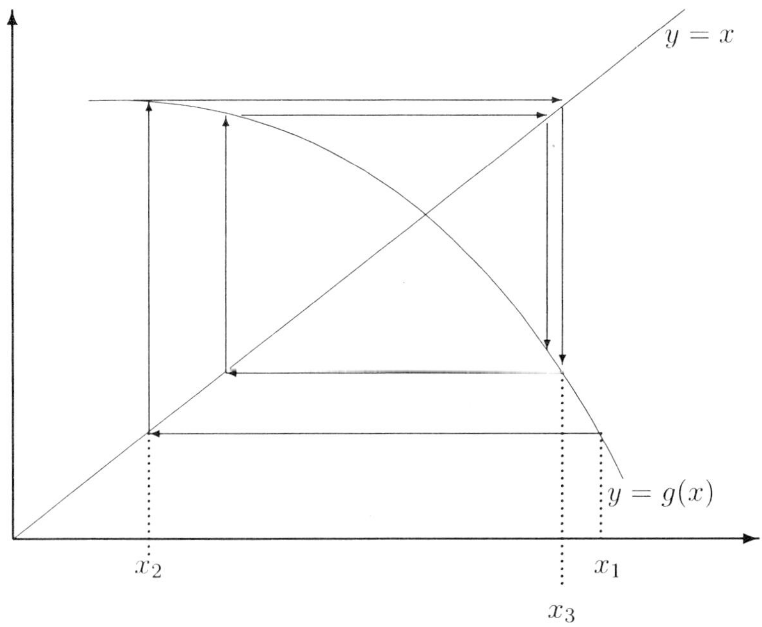

그림 4.4: 진동하면서 수렴하는 고정점 알고리즘

로서 Bisection 방법이 해로 수렴하여 속도는 $O(2^{-n})$임을 알 수 있다.

4.4. 수렴

$x = g(x)$의 한 근을 α라고 가정하자. 고정점 알고리즘은

$$x_{k+1} = g(x_k) \tag{4.20}$$

를 반복하므로 양변에 α를 빼주면

$$x_{k+1} - \alpha = g(x_k) - \alpha \tag{4.21}$$

가 된다. e_k를 k번째 반복에서 나온 오차 $x_k - \alpha$ 라고 하면

$$e_{k+1} = x_{k+1} - \alpha = g(x_k) - g(\alpha) \tag{4.22}$$

이고 중간값 정리에 의해 (a, b)에 속하는 적당한 c에 대해

$$g(b) - g(a) = g'(c)(b - a) \tag{4.23}$$

이므로

$$\begin{aligned} |e_{k+1}| &= |g(x_k) - g(\alpha)| & (4.24) \\ &= |g'(c_k)(x_k - \alpha)| & (4.25) \\ &= |g'(c_k)g'(c_{k-1})(x_{k-1} - \alpha)| & (4.26) \\ &= \vdots & (4.27) \\ &\leq |g'(c)|^{k+1}(x_0 - \alpha) & (4.28) \end{aligned}$$

이다. 여기서 $|g'(c)| = \max|g'(x_k)|$이다. 따라서 만일 $|g'(c)| < 1$ 이면 $k \to \infty$ 일 때 $|e_k| \to 0$ 가 되어서 $x_k \to \alpha$인 것을 알 수 있다.

만일 $|x - \alpha| < r$인 모든 x에 대해 $|g'(x)| \leq \lambda < 1$이면[2] $(x - r, x + r)$에 존재하는 근은 하나 뿐이다. 이는 다음과 같은 이유에서이다. 만일 α와 β가 서로 다른 두 근이면 중간값 정리에 의해

$$|\alpha - \beta| = |g(\alpha) - g(\beta)| \leq \lambda|\alpha - \beta| \tag{4.29}$$

이 되고 따라서

$$(1 - \lambda)|\alpha - \beta| \leq 0$$

[2]이 조건은 위에서 본 조건 $|g'(x)| < 1$과 달라 보이나 실제로는 같은 조건이다. 위의 경우는 유한개에서 보았기 때문에 $\max|g'(x_k)|$ 인 조건이 가능한데 연속인 구간 $(\alpha - r, \alpha + r)$에서는 모든 값이 1보다 작더라도 $\sup|g'(x)| = 1$이 될 수 있기 때문에 사용된 조건이다. 이 조건은 $\sup|g'(x)| < 1$로 바꾸어 쓸 수 있다.

이므로 $\alpha = \beta$이다.

여기서 한가지 더 알 수 있는 것은 $g'(\alpha)$의 부호가 양수이면 x_k는 한쪽 방향에서 근으로 수렴하고 $g'(\alpha)$의 부호가 음수이면 양쪽에서 진동하면서 근으로 수렴한다는 것이다. 그림 4.1의 (A)는 한쪽에서 수렴하는 경우이며 그림 4.4는 해를 중심으로 좌우로 반복하면서 해로 수렴하는 경우의 그림이다.

예를 들어

$$x = 1 - \frac{1}{2+x}$$

의 해를 구하기 위한 경우를 생각해 보면

$$g'(x) = \frac{1}{(2+x)^2} > 0$$

으로 미분값이 항상 양수이므로 단조 수렴임을 예상할 수 있다. 초기치를 0으로 실제로 고정 알고리즘을 적용하여 보면 그 결과는 다음과 같다.

반복수	결과
0	0
1	0.500000
2	0.600000
3	0.615385
4	0.617647
5	0.617978
6	0.618026
7	0.618033
8	0.618034

이와 반대로 다음과 같이

$$x = 1 + \frac{1}{2+x}$$

미분값이

$$g'(x) = -\frac{1}{(2+x)^2} < 0$$

로 음인 경우에 고정점 알고리즘을 적용해 보면 다음의 결과에서 보는 것처럼 해 1.302776을 중심으로 큰 값과 작은 값을 가지면서 수렴하는 것을 알 수 있다.

반복수	결과
0	0
1	1.500000
2	1.285714
3	1.304348
4	1.302632
5	1.302789
6	1.302774
7	1.302776

뉴튼 방법의 수렴

식 (4.8)의 뉴튼 방법은 고정점 알고리즘으로 해석할 때 뉴튼 방법에서의 $g(x)$는

$$g_N(x_k) = x_k - \frac{f(x_k)}{f'(x_k)} \tag{4.30}$$

임을 앞에서 보았다. 따라서

$$g'_N(x) = 1 - \frac{f'(x)^2 - f(x)f''(x)}{f'(x)^2} = \frac{f(x)f''(x)}{f'(x)^2} \tag{4.31}$$

이고 α가 $f(x) = 0$의 근이고 $f'(\alpha) \neq 0$이고 $f''(x)$가 유한이면 $g'_N(\alpha) = 0$ 임을 알 수 있다. 따라서 g'_N이 α 에서 연속이면 α 근처의 x에 대해 $|g_N(x)| < 1$인 x를 취할 수 있다. 요약하면 뉴튼 방법이 수렴하기 위해서는 초기치를 잡을 때 식 (4.31)의 크기가 1보다 작게 되는 값을 취하면 된다.

뉴튼 방법을 사용할 경우에는 $|g'_N(x)| < 1$이 아니더라도 $g'_N(x) > 0$ 이면 뉴튼 방법은 단조 수렴한다. 이유는 다음과 같다. g'_N이 양수라는 것은 식 (4.31)의 분자가 양수라는 의미이며 이는

1. f와 f'' 모두 양수이거나
2. f 와 f'' 모두 음수인 경우

이며 이는 해 근처에서

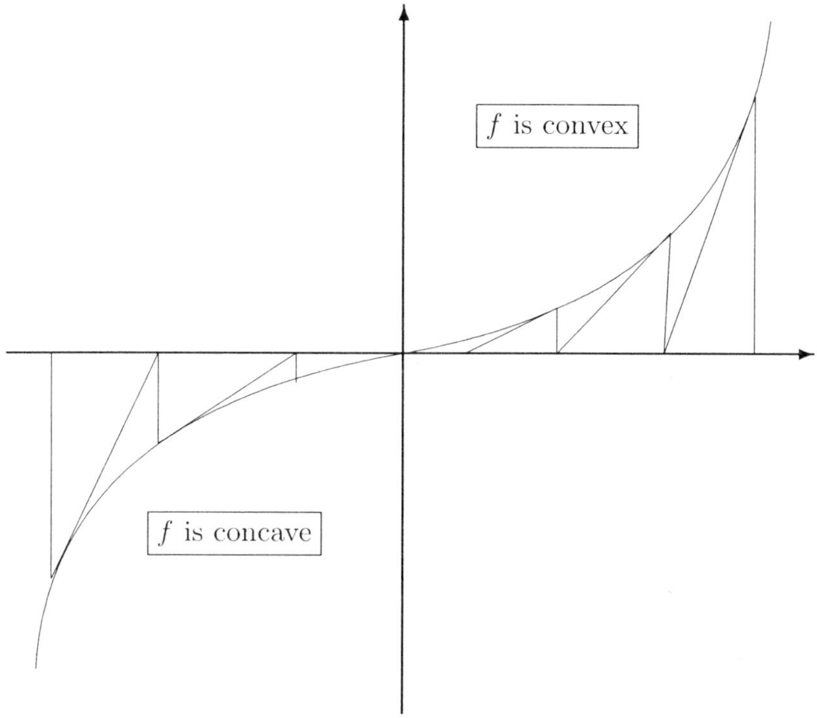

그림 4.5: 뉴튼 방법의 수렴

1. $f(x) > 0$ 이고 convex 이거나 (그림 4.5의 일사분면)

2. $f(x) < 0$ 이고 concave인 경우 (그림 4.5의 삼사분면)

두 경우 모두 수렴하게 된다.

$f(x)$가 중근 또는 다중근을 갖는 경우에는 뉴튼 방법의 수렴속도가 느려지는데 이는

$$g'_N(x) = \frac{f(x)f''(x)}{f'(x)^2} \tag{4.32}$$

의 값이 다중근을 가질 때는 0에서 멀어지기 때문이다. 실제로 $f(x)$가 α에서 m 차 중근을 가지면

$$\lim_{x \to \alpha} g'_N(x) = 1 - \frac{1}{m} \tag{4.33}$$

표 4.3: 중근이 있는 경우의 뉴튼 방법의 수렴

반복	$f(x) = (x-1)(x+1)$	$(x-1)^2(x+1)$	$(x-1)^3(x+1)$
0	2.0000000	2.0000000	2.0000000
1	1.2500000	1.5714285	1.7000000
2	1.0250000	1.3142856	1.4852273
3	1.0003048	1.1671346	1.3333682
4	1.0000000	1.0866702	1.2272969
5	1.0000000	1.0442168	1.1540238
6	1.0000000	1.0223452	1.1038778
7	1.0000000	1.0112340	1.0698125
8	1.0000000	1.0056324	1.0468004
9	1.0000000	1.0028194	1.0313183
10	1.0000000	1.0014132	1.0209322

임을 보일 수 있는데(연습문제 48) 이는 앞에서 본 경우인 $m = 1$일 때 0이며 그외의 경우는 m이 커지면 g'_N이 1에 가까와지기 때문에 중근의 차수가 높을수록 수렴의 속도가 느려진다.

표 4.3의 예를 보면 중근이 있는 경우의 ($f(x) = (x-1)^2(x+1)$ 과 $(x-1)^3(x+1)$) 수렴속도와 그렇지 않은 경우의 ($f(x) = (x-1)(x+1)$) 수렴속도를 초기로 2를 사용하였을 경우에 대해 비교해 볼 수 있다. 이 표에 의하면 해를 구하고자 하는 세 개의 식에서 하나는 중근이 아닌 경우이며 하나는 이중근이고 나머지 한 식은 삼중근을 갖는다는 것을 제외하고는 해의 값도 같으나 속도는 상당한 차이를 보인다.

중근이 없는 경우는 세 번의 반복으로 원하는 유효 숫자까지 얻었으나 중근을 갖는 경우에는 열번의 반복에도 세 자리수까지만 수렴할 정도로 수렴속도가 느리다는 것을 볼 수 있다.

삼중근인 경우는 중근인 경우보다도 수렴속도가 더 느려서 열번의 반복 결과 두자리수만 수렴한 것을 볼 수 있다.

4.5. 연립방정식의 뉴튼 방법

두 개의 미지수를 갖는 다음 연립방정식의 해를 구하는 방법에 대해 생각해보자.

$$\begin{aligned} 2x_1 - x_2 &= e^{-x_1}, \\ -x_1 + 2x_2 &= e^{-x_2} \end{aligned} \tag{4.34}$$

위식을 다음과 같이

$$\begin{aligned} f_1(x_1, x_2) &= 2x_1 - x_2 - e^{-x_1}, \\ f_2(x_1, x_2) &= -x_1 + 2x_2 - e^{-x_2} \end{aligned} \tag{4.35}$$

f_1과 f_2로 정의하면 $\boldsymbol{f} = (f_1, f_2)^T$와 $\boldsymbol{x} = (x_1, x_2)^T$로 쓸 때 식 (4.34)는 $\boldsymbol{f}(\boldsymbol{x}) = \boldsymbol{0}$의 해를 구하는 것이다.

다변량에서의 뉴튼 방법은 단변량에서와 마찬가지 방법으로 구한다. 먼저 $y_1 = f_1(x_1, x_2)$의 $x_1 = a_1$과 $x_2 = a_2$에서의 접평면은

$$y_1 = f_1(a_1, a_2) + \frac{\partial f_1(a_1, a_2)}{\partial x_1}(x_1 - a_1) + \frac{\partial f_1(a_1, a_2)}{\partial x_2}(x_2 - a_2) \tag{4.36}$$

이고 $y_2 = f_2(x_1, x_2)$의 $x_1 = a_1$과 $x_2 = a_2$에서의 접평면은

$$y_2 = f_2(a_1, a_2) + \frac{\partial f_2(a_1, a_2)}{\partial x_1}(x_1 - a_1) + \frac{\partial f_2(a_1, a_2)}{\partial x_2}(x_2 - a_2) \tag{4.37}$$

이므로 위의 두 식은 $\boldsymbol{a} = (a_1, a_2)^T$라 하고 Jacobian $\boldsymbol{J}$를

$$\boldsymbol{J} = \begin{bmatrix} \dfrac{\partial f_1(\boldsymbol{a})}{\partial x_1} & \dfrac{\partial f_1(\boldsymbol{a})}{\partial x_2} \\ \dfrac{\partial f_2(\boldsymbol{a})}{\partial x_1} & \dfrac{\partial f_2(\boldsymbol{a})}{\partial x_2} \end{bmatrix} \tag{4.38}$$

라고 쓸 때

$$\boldsymbol{y} = \boldsymbol{f}(\boldsymbol{a}) + \boldsymbol{J}(\boldsymbol{a})(\boldsymbol{x} - \boldsymbol{a}) \tag{4.39}$$

이 된다. 이제 단변량일 때의 뉴튼 방법을 다시 살펴보면 현재의 값 x_k에서 다음 값 x_{k+1}을 구할 때 x_k에서의 접선의 x 절편을 취했다. 마찬가지로 다변량일 때는 현재의 점 $\boldsymbol{x}_k$에서 다음 값은 $\boldsymbol{x}_k$에서의 접평면

$$\boldsymbol{y} = \boldsymbol{f}(\boldsymbol{x}_k) + \boldsymbol{J}(\boldsymbol{x}_k)(\boldsymbol{x} - \boldsymbol{x}_k) \tag{4.40}$$

의 $\boldsymbol{y}$ 가 $\boldsymbol{0}$ 일 때의 $\boldsymbol{x}$ 값이 된다. 즉, 다변량의 뉴튼 방법은 단변량일 때와 마찬가지로

$$\boldsymbol{x}_{k+1} = \boldsymbol{x}_k - \boldsymbol{J}^{-1}(\boldsymbol{x}_k)\boldsymbol{f}(\boldsymbol{x}_k) \tag{4.41}$$

가 된다. 이 때 $\boldsymbol{J}$는 행렬식의 값이 0이 아니어야 한다.

여기서 단변량인 경우에는 $\boldsymbol{J} = f'$이므로 식 (4.41)은

$$x_{k+1} = x_k - [f'(x_k)]^{-1}f(x_k) = x_k - \frac{f'(x_k)}{f(x_k)} \tag{4.42}$$

로 되어 앞에서 본 결과와 같다. (식 (4.8) 참조.)

만일 우리가 얻고자하는 해가 선형인 연립방정식, 즉

$$\boldsymbol{A}\boldsymbol{x} = \boldsymbol{b} = \begin{bmatrix} a_{11} & a_{12} & \cdots & a_{1p} \\ a_{21} & a_{22} & \cdots & a_{2p} \\ \vdots & \vdots & \vdots & \vdots \\ a_{p1} & a_{p2} & \cdots & a_{pp} \end{bmatrix} \begin{bmatrix} x_1 \\ x_2 \\ \vdots \\ x_p \end{bmatrix} = \begin{bmatrix} b_1 \\ b_2 \\ \vdots \\ b_p \end{bmatrix} \tag{4.43}$$

이면 $\boldsymbol{J} = \boldsymbol{A}$ 가 되어서 뉴튼 방법의 해는

$$\boldsymbol{x}_{k+1} = \boldsymbol{x}_k - \boldsymbol{A}^{-1}(\boldsymbol{A} - \boldsymbol{x}_k) = \boldsymbol{A}^{-1}\boldsymbol{b} \tag{4.44}$$

가 되어 어떤 초기치를 이용하더라도 한 번에 원하는 해로 수렴함을 알 수 있다. 또한 연립방정식이 선형인 경우에는 뉴튼 방법을 쓸 이유가 없음을 알 수 있다.

위에서 본 뉴튼 방법에는 Jacobian 행렬의 역행렬을 구하는 과정이 있다. 그러나 역행렬을 구하는 것보다는 Gaussian 소거법 등이 빠르므로 식 (4.41)을 다음과 같이 다시 쓴 다음

$$\boldsymbol{J}(\boldsymbol{x}_k)(\boldsymbol{x}_{k+1} - \boldsymbol{x}_k) = -\boldsymbol{f}(\boldsymbol{x}_k) \tag{4.45}$$

$\boldsymbol{y} = \boldsymbol{x}_{k+1} - \boldsymbol{x}_k$로 두어 $\boldsymbol{J}(\boldsymbol{x}_k)\boldsymbol{y} = -\boldsymbol{f}(\boldsymbol{x}_k)$를 Gauss 소거법 등으로 풀어 $\boldsymbol{y}$를 구하여 $\boldsymbol{x}_{k+1} = \boldsymbol{x}_k + \boldsymbol{y}$를 구한다. 위에서 설명된 뉴튼 방법을 요약하면 다음과 같다.

1. $\boldsymbol{J}(\boldsymbol{x}_k)$를 구한다. 이를 $\boldsymbol{A}$라 하자.
2. $\boldsymbol{f}(\boldsymbol{x}_k)$를 구하고 $-\boldsymbol{f}(\boldsymbol{x}_k)$를 $\boldsymbol{b}$라 하자.
3. Gauss 소거법이나 기타의 방법으로 $\boldsymbol{A}\boldsymbol{y} = \boldsymbol{b}$를 $\boldsymbol{y}$에 대해 푼다.
4. $\boldsymbol{x}_{k+1} = \boldsymbol{x}_k + \boldsymbol{y}$라 한다.
5. 충분히 수렴하지 않았으면 1번으로 돌아간다.

보기 4.1. 다음을 만족시키는 해 (x, y)를 구하여 보자.

$$\begin{cases} \sin 2\pi x + e^y &= 1 \\ \cos 2\pi x + e^y &= 1 \end{cases} \tag{4.46}$$

여기서 해의 수렴과정을 살피는 것이 주 목적이므로 행렬의 분해 과정은 생략하고 역행렬을 바로 쓰기로 한다. 초기치 $\boldsymbol{x}_0 = (0, 0)^T$에서 시작하여 $\boldsymbol{x}_1 = \boldsymbol{x}_0 - \boldsymbol{J}^{-1}(\boldsymbol{x}_0)\boldsymbol{f}(\boldsymbol{x}_0)$를 계산하면

$$\begin{aligned} \boldsymbol{x}_1 &= \begin{bmatrix} 0 \\ 0 \end{bmatrix} - \begin{bmatrix} 0.1591551 & -0.1591551 \\ 0.0000000 & 1.0000000 \end{bmatrix} \begin{bmatrix} 0 \\ 1 \end{bmatrix} \\ &= \begin{bmatrix} 0.1591551 \\ -1.0000000 \end{bmatrix} \end{aligned} \tag{4.47}$$

이고 $\boldsymbol{x}_2 = \boldsymbol{x}_1 - \boldsymbol{J}^{-1}(\boldsymbol{x}_1)\boldsymbol{f}(\boldsymbol{x}_1)$를 계산하면

$$\begin{aligned}\boldsymbol{x}_2 &= \begin{bmatrix} 0.1591551 \\ -1.0000000 \end{bmatrix} - \begin{bmatrix} 0.1151818 & -0.1151818 \\ 1.6553767 & 1.0629051 \end{bmatrix} \begin{bmatrix} 0.20935043 \\ -0.09181825 \end{bmatrix} \\ &= \begin{bmatrix} 0.1244659 \\ -1.2489597 \end{bmatrix} \end{aligned} \tag{4.48}$$

이 얻어지고 $\boldsymbol{x}_3 = \boldsymbol{x}_2 - \boldsymbol{J}^{-1}(\boldsymbol{x}_2)\boldsymbol{f}(\boldsymbol{x}_2)$를 계산하면

$$\begin{aligned}\boldsymbol{x}_3 &= \begin{bmatrix} 0.1244659 \\ -1.2489597 \end{bmatrix} - \begin{bmatrix} 0.1125403 & -0.1125403 \\ 1.7375058 & 1.7492081 \end{bmatrix} \begin{bmatrix} -0.008467435 \\ -0.003720973 \end{bmatrix} \\ &= \begin{bmatrix} 0.1250001 \\ -1.2277387 \end{bmatrix} \end{aligned} \tag{4.49}$$

이 얻어지며 다시 $\boldsymbol{x}_4 = \boldsymbol{x}_3 - \boldsymbol{J}^{-1}(\boldsymbol{x}_3)\boldsymbol{f}(\boldsymbol{x}_3)$를 계산하면

$$\begin{aligned}\boldsymbol{x}_4 &= \begin{bmatrix} 0.1250001 \\ -1.2277387 \end{bmatrix} - \begin{bmatrix} 0.1125396 & -0.1125396 \\ 1.7067510 & 1.7067510 \end{bmatrix} \begin{bmatrix} 0.00006106349 \\ 0.00006104567 \end{bmatrix} \\ &= \begin{bmatrix} 0.1250001 \\ -1.2279472 \end{bmatrix} \end{aligned} \tag{4.50}$$

이 된다. 한 번만 더 반복하여 $\boldsymbol{x}_5 = \boldsymbol{x}_4 - \boldsymbol{J}^{-1}(\boldsymbol{x}_4)\boldsymbol{f}(\boldsymbol{x}_4)$를 계산하면

$$\begin{aligned}\boldsymbol{x}_5 &= \begin{bmatrix} 0.1250001 \\ -1.2279472 \end{bmatrix} - \begin{bmatrix} 0.1125396 & -0.1125396 \\ 1.7071067 & 1.7071067 \end{bmatrix} \begin{bmatrix} 6.361748 \times 10^{-9} \\ 6.361749 \times 10^{-9} \end{bmatrix} \\ &= \begin{bmatrix} 0.1250001 \\ -1.2279472 \end{bmatrix} \end{aligned} \tag{4.51}$$

을 얻는다. 즉 다섯 번의 반복으로 $\boldsymbol{f}(\boldsymbol{x}) = \boldsymbol{0}$를 만족하는 해의 근사값으로 $\boldsymbol{x} = (0.1250001, -1.2279472)^T$를 얻고 그 때의 함수값은 약 6.36×10^{-9}이

다.

뉴튼 방법을 이용할 때 초기치로는 Jacobian의 행렬식이 0이 아닌 값을 잡도록 유의하여야 한다. 만일 Jacobian의 행렬식이 0이면 다변량인 경우나 단변량인 경우 모두에서 뉴튼 방법을 사용할 수 없기 때문이다.

4.6. 뉴튼 방법의 변형

식 (4.41)의 뉴튼 방법에서 가장 비용이 많이 드는 부분이 위의 3번째 과정이다. 이 과정을 단순화하여 수렴 속도를 다소 희생하고 각 반복에서의 계산 속도를 높이는 몇 가지 방법이 있다.

4.6.1. 변형된 뉴튼 방법

Modified Newton method라고 부르기도 하는 이 방법은 x가 일차원일 때의 변형된 Newton 방법을 그대로 다차원인 경우에 확장 적용한 방법이다. 즉, 일차원일 때의 함수 미분에 대응하는 $\boldsymbol{J}$를 한 번만 계산하여 $\boldsymbol{J}(\boldsymbol{x}_k)$를 대신하는 것이다. 즉,

1. $\boldsymbol{J}(\boldsymbol{x}_1)$를 구한다. 이를 $\boldsymbol{A}$라 하자.

2. $\boldsymbol{f}(\boldsymbol{x}_k)$를 구하고 $-\boldsymbol{f}(\boldsymbol{x}_k)$를 $\boldsymbol{b}$라 하자.

3. Gauss 소거법이나 기타의 방법으로 $\boldsymbol{Ay} = \boldsymbol{b}$를 $\boldsymbol{y}$에 대해 푼다.

4. $\boldsymbol{x}_{k+1} = \boldsymbol{x}_k + \boldsymbol{y}$라 한다.

5. 충분히 수렴하지 않았으면 2번 과정으로 돌아간다.

다음에 소개될 방법은 $\boldsymbol{J}$의 근사행렬을 제 3 장에서 본 분할법(Splitting technique)에서 행렬 $\boldsymbol{A}$의 근사행렬을 취하는 방법이다.

4.6.2. Jacobi 방법

이 방법은 $\boldsymbol{J}$의 대각선 부분으로 $\boldsymbol{J}(\boldsymbol{x}_k)$를 대신하는 방법이다. 이는 선형 연립방정식의 분할법에서 Jacobi 방법과 마찬가지다. 즉,

$$\boldsymbol{D}(\boldsymbol{x}) = (d_{ij}(\boldsymbol{x}))_{i,j=1,2,\cdots,p} = \begin{cases} \dfrac{\partial f_i(\boldsymbol{x})}{\partial x_i} & i = j \\ 0 & \text{그외의 경우에} \end{cases} \tag{4.52}$$

모든 반복에서 $\boldsymbol{D}$의 역행렬이 각 대각선의 역수를 취하면 되므로 계산이 아주 단순해진다. 이 방법을 요약하면 아래와 같다.

1. $\boldsymbol{J}(\boldsymbol{x}_k)$를 구한다. 이의 대각선 행렬을 $\boldsymbol{D}(\boldsymbol{x}_k)$라 하자.
2. $\boldsymbol{D}(\boldsymbol{x}_k)\boldsymbol{y} = \boldsymbol{b}$를 푼다.
3. $\boldsymbol{x}_{k+1} = \boldsymbol{x}_k + \boldsymbol{y}$라 한다.
4. 충분히 수렴하지 않았으면 1번 과정으로 돌아간다.

4.6.3. Gauss-Seidel 방법

이 방법은 $\boldsymbol{J}$ 대신에 $\boldsymbol{J}$의 대각선 위 부분을 0이라고 두는 $\boldsymbol{L}$을 이용하는 방법이다. 이 방법도 제 3 장에서 본 Gauss Seidel 방법에서 $\boldsymbol{A}$의 근사 행렬을 구하는 방법과 마찬가지다. 즉,

$$\boldsymbol{x}_{k+1} = \boldsymbol{x}_k - \boldsymbol{L}^{-1}(\boldsymbol{x})\boldsymbol{f}(\boldsymbol{x}_k) \tag{4.53}$$

을 반복한다. $\boldsymbol{L}$이 lower triangular 행렬이므로 뉴튼 방법에 비해 계산이 조금 더 단순해진다.

4.6.4. SOR 방법

이 절에서 설명할 방법은 successive overrelaxation 또는 SOR이라고 불리는데 $\boldsymbol{J}$ 대신에 Jacobi 방법과 Gauss-Seidel 방법에서 사용한 두 행렬을 변형

시킨 $\rho\boldsymbol{D}(\boldsymbol{x}) + \boldsymbol{L}(\boldsymbol{x})$를 이용하는 방법이다. 이는 Gauss Seidel 방법에서 대각선에 있는 $\boldsymbol{J}$의 원소의 값을 크게 또는 작게하여 수렴속도를 올리기 위하여 사용한다. 즉,

$$\boldsymbol{x}_{k+1} = \boldsymbol{x}_k - (\rho\boldsymbol{D}(\boldsymbol{x}) + \boldsymbol{L}(\boldsymbol{x}))^{-1}\boldsymbol{f}(\boldsymbol{x}_k) \tag{4.54}$$

를 반복한다. 여기서 $\omega = 1/(\rho+1)$은 relaxation parameter라고 불린다.

4.7. 수렴

뉴튼 방법이나 그의 변형된 방법들은 수렴이 보장되지 않는다. 이 절에서는 어떤 조건이 만족되면 이 알고리즘이 수렴하게 되는지 알아보자. 앞에서 본 방법들은

$$\boldsymbol{x}_{k+1} = \boldsymbol{x}_k - \boldsymbol{P}(\boldsymbol{x}_k)\boldsymbol{f}(\boldsymbol{x}_k) \tag{4.55}$$

로 간단하게 표시할 수 있다. 여기서 뉴튼 방법일 때, 변형된 뉴튼 방법일 때, Jacobi 방법일 때, Gausss-Seidel 방법일 때 및 SOR 방법일 때의 $\boldsymbol{P}(\boldsymbol{x})$는 각각 $\boldsymbol{J}^{-1}(\boldsymbol{x})$, $\boldsymbol{J}^{-1}(\boldsymbol{x}_1)$, $\boldsymbol{D}^{-1}(\boldsymbol{x})$, $\boldsymbol{L}^{-1}(\boldsymbol{x})$ 및 $(\rho\boldsymbol{D}(\boldsymbol{x}) + \boldsymbol{L}(\boldsymbol{x}))^{-1}$ 이다.

식 (4.55)에 의해 주어진 알고리즘이 단조 수렴(monotone convergence) 하기 위한 조건을 알아보기 위해 먼저 벡터와 행렬의 부등호를 정의하자. 두 벡터 $\boldsymbol{x}$와 $\boldsymbol{y}$에 대해 $\boldsymbol{x} \le \boldsymbol{y}$ 는 모든 원소에 대한 부등식을 의미한다. 즉, $i = 1, 2, \ldots, n$에 대해 $x_i \le y_i$ 이다. 행렬도 마찬가지 방법으로 $\boldsymbol{P} \le \boldsymbol{Q}$ 는 모든 i, j 에 대해 $p_{ij} \le q_{ij}$를 의미한다. 이제 다음을 만족하는 행렬 $\boldsymbol{Q}(\boldsymbol{x})$와 두 벡터 $\boldsymbol{x}_1$ 과 $\boldsymbol{y}_1$이 존재한다고 하자.

1. $\boldsymbol{x}_1 \le \boldsymbol{y}_1$ 이고 $\boldsymbol{f}(\boldsymbol{x}_1) \le \boldsymbol{0} \le \boldsymbol{f}(\boldsymbol{y}_1)$

2. $\boldsymbol{x}_1 \le \boldsymbol{x} \le \boldsymbol{y}_1$ 이면 $\boldsymbol{0} \le \boldsymbol{P}(\boldsymbol{x})$, $\boldsymbol{P}(\boldsymbol{x})\boldsymbol{Q}(\boldsymbol{x}_1) \le \boldsymbol{I}$ 이고 $\boldsymbol{Q}(\boldsymbol{x})\boldsymbol{P}(\boldsymbol{x}) \le \boldsymbol{I}$ 이다.

3. $\boldsymbol{x}_1 \le \boldsymbol{x} \le \boldsymbol{y} \le \boldsymbol{y}_1$ 이면 $\boldsymbol{f}(\boldsymbol{y}) - \boldsymbol{f}(\boldsymbol{x}) \ge \boldsymbol{Q}(\boldsymbol{y})(\boldsymbol{y} - \boldsymbol{x})$ 이다.

Ortega and Rheinboldt (1967)은 위의 조건이 만족되면 식 (4.55)는 $\boldsymbol{x}_\infty$로 단조 수렴하며 (즉, $\boldsymbol{x}_{k+1} \geq \boldsymbol{x}_k$) 만일 역행렬이 존재하는 행렬 $\boldsymbol{R}$ 이 존재하여 모든 k에 대해서 $\boldsymbol{P}(\boldsymbol{x}_k) \geq \boldsymbol{R} \geq \boldsymbol{0}$를 만족하면 $\boldsymbol{x}_\infty$가 $\boldsymbol{f}(\boldsymbol{x}) = \boldsymbol{0}$의 해가 된다는 것을 보였다. 직관적인 관점에서 볼 때 위의 조건들은 첫번째는 해의 존재를 위한 조건이며 나머지 둘은 단조 수렴하기 위한 조건이다.

연습문제

4.1 다음을 만족하는 해를 뉴튼 방법을 사용하여 구하여 보자.

$$\begin{aligned} f_1(x_1, x_2, x_3) &= 3x_1 - \cos x_2 x_3 - 0.5 = 0. \\ f_2(x_1, x_2, x_3) &= x_1^2 - 625x_2^2 = 0. \\ f_3(x_1, x_2, x_3) &= e^{-x_1 x_2} + 20x_3 + 9 = 0. \end{aligned}$$

이 연립방정식의 해는 한개 이상이다. 초기치를 신중하게 잡지 않으면 잘 수렴하지 않으므로 초기치를 신중하게 잡아야 한다. 이 때 $\boldsymbol{f}$의 Jacobian을 잘 살피기 바란다. 왜 x_2의 초기치가 0이면 안되는지 설명하여라.

4.2 $x^3 = \sin x$ 을 만족하는 (0이 아닌) 해를 고정점 알고리즘으로 구하여 보아라. 이 때

(a) $x = \sqrt[3]{\sin x}$ 를 이용하여라.

(b) $x = \sin x / x^2$ 을 이용하여라.

위의 어느 방법이라도 발산한다면 그 이유를 설명하여라.

4.3 연습문제 4.2에서 구하는 해를 뉴튼 방법과 변형된 뉴튼 방법을 이용하여 구하여라. 수렴속도에 차이가 있는가?

4.4 다음식의 해를 고정점 알고리즘으로 구하여 보자.

$$x - \cos(x) = 0 \tag{4.56}$$

이 때 고정점 알고리즘이 해로 수렴할 때 단조 수렴할 것인지 예측해 보아라.

4.5 연습문제 4.4의 방정식을 뉴튼 방법으로 해를 구하여 보자. 이 때 수렴은 단조수렴인가?

4.6 다음의 해를 뉴튼 방법으로 구해보아라.

$$f(x) = \sqrt[3]{x - 1} \tag{4.57}$$

수렴하는가?

4.7 연습문제 4.6을 좀더 일반화한

$$f(x) = \sqrt[3]{x - \alpha}h(x) \tag{4.58}$$

의 해를 구하려면 어떻게 하여야할까? 이 때 $h(\alpha) \neq 0$이다.

4.8 $f(x) = (x - \alpha)^m$ 이면

$$\lim_{x \to \alpha} g'_N(x) = \lim_{x \to \alpha} \frac{f(x)f''(x)}{f'(x)^2} = 1 - \frac{1}{m} \tag{4.59}$$

임을 보여라.

4.9 연습 문제 4.2의 해를 bisection 방법으로 구해 보아라.

제 5 장

수치 미분과 적분

5.1. 수치 미분

미분가능한 함수 f의 x에서의 미분 값은

$$f'(x) = \lim_{h \to 0} \frac{f(x+h) - f(x)}{h}$$

으로 정의하고 근사값으로 0에 가까운 h에 대해

$$f'(x) \approx \frac{f(x+h) - f(x)}{h} \tag{5.1}$$

을 얻을 수 있다. Taylor 공식으로 $\xi \in (x, x+h)$ 인 ξ에 대해

$$f(x+h) = f(x) + hf'(x) + \frac{1}{2}h^2 f''(\xi) \tag{5.2}$$

를 얻을 수 있으므로 이 식을 $f'(x)$에 대해 다시 쓰면

$$f'(x) = \frac{f(x+h) - f(x)}{h} - \frac{1}{2}hf''(\xi) \tag{5.3}$$

이다. 보통 $-\frac{1}{2}hf''(\xi)$는 절단 오차(truncation error)라고 부른다. $f(x+h)$와 $f(x-h)$를 Taylor 전개하면

$$\begin{aligned} f(x+h) &= f(x) + hf'(x) + \frac{1}{2!}h^2 f''(x) + \frac{1}{3!}h^3 f'''(x) + \\ &\quad \frac{1}{4!}f^{(4)}(x) + \cdots \\ f(x-h) &= f(x) - hf'(x) + \frac{1}{2!}h^2 f''(x) - \frac{1}{3!}h^3 f'''(x) + \\ &\quad \frac{1}{4!}f^{(4)}(x) + \cdots \end{aligned} \tag{5.4}$$

이므로

$$f(x+h) - f(x-h) = 2hf'(x) + \frac{2}{3!}h^3 f'''(x) + \frac{2}{5!}h^5 f^{(5)}(x) + \cdots \tag{5.5}$$

이므로

$$f'(x) = \frac{f(x+h) - f(x-h)}{2h} - \frac{1}{3!}h^2 f'''(x) - \frac{1}{5!}h^4 f^{(5)}(x) + \cdots \tag{5.6}$$

으로 오차가 h^2에 비례하여 줄게 할 수 있다. $i = 2, 4, 6, 8, \ldots$ 에 대해

$$a_i = -\frac{1}{(i+1)!}f^{(i+1)}(x)$$

라고 쓰면 식 (5.6)은

$$f'(x) = \frac{f(x+h) - f(x-h)}{2h} + a_2 h^2 + a_4 h^4 + a_6 h^6 + \cdots \tag{5.7}$$

으로 간단히 할 수 있다. 오차를 좀더 빨리 0으로 보내기 위해 다음과 같이 $\phi(h)$를

$$\phi(h) = \frac{f(x+h) - f(x-h)}{2h} \tag{5.8}$$

라고 정의하면

$$
\begin{aligned}
\phi(h) &= f'(x) - a_2h^2 - a_4h^4 - a_6h^6 - \cdots && (5.9)\\
\phi\Big(\frac{h}{2}\Big) &= f'(x) - a_2\Big(\frac{h}{2}\Big)^2 - a_4\Big(\frac{h}{2}\Big)^4 - a_6\Big(\frac{h}{2}\Big)^6 - \cdots && (5.10)
\end{aligned}
$$

이므로 $\phi(h) - 4\phi\Big(\frac{h}{2}\Big)$ 로 이 식의 h^2 항을 소거하면

$$\phi(h) - 4\phi\Big(\frac{h}{2}\Big) = -3f'(x) - \frac{3}{4}a_4h^4 - \frac{15}{16}a_6h^6 - \cdots \tag{5.11}$$

이다. 따라서 위 식을 $f'(x)$에 대해 정리하면

$$f'(x) = \frac{4}{3}\phi\Big(\frac{h}{2}\Big) - \frac{1}{3}\phi(h) + \frac{1}{4}a_4h^4 - \frac{5}{16}a_6h^6 - \cdots \tag{5.12}$$

이 되어 $f'(x)$의 오차를 h^4에 비례하게 얻을 수 있다. 위의 방법으로 계속하여 미분값과 그의 근사값의 오차를 줄여 나가는 방법으로 $f(x)$의 미분값을 구하는 방법을 Richardson의 외삽법(extrapolation)이라고 하는데 이 방법의 일반적인 모양은 다음과 같다. 식 (5.9)의 h 자리에 $h/2^n$이 대입된 함수값을 $D(n,1)$이라 하면

$$D(n,1) = f'(x) - \sum_{k=1}^{\infty} a_{2k}\Big(\frac{h}{2^n}\Big)^{2k} \tag{5.13}$$

이 된다. $D(n,1)$에 기초하여 $n \geq 2$ 이고 $1 \leq m \leq n-1$인 m과 n에 대해

$$D(n,m+1) = \frac{4^m}{4^m-1}D(n,m) - \frac{1}{4^m-1}D(n-1,m) \tag{5.14}$$

를 얻는다. 식 (5.12)는 식 (5.14)에서 $m=1$인 경우 임을 알 수 있다.

정리 5.1. $A(k,1) = -a_{2k}$ 라고 하고

$$A(k,m+1) = \frac{4^m-4^k}{4^m-1}A(k,m)$$

라고 하면

$$D(n,m) = f'(x) + \sum_{k=m}^{\infty} A(k,m)\Big(\frac{h}{2^n}\Big)^{2k} \tag{5.15}$$

이다.

증명 이 정리의 증명은 수학적 귀납법으로 할 수 있다. 즉 $m = 1$일 때는 식 (5.13)에 있는 $D(i,1)$들의 정의에 의해 당연하다. 이제 $m = l$에 대해 식 (5.15)이 성립한다고 가정하면

$$\begin{aligned} D(n,l+1) &= \frac{4^l}{4^l-1}\Big(f'(x) + \sum_{k=l}^{\infty} A(k,l)\Big(\frac{h}{2^n}\Big)^{2k}\Big) \\ &\quad -\frac{1}{4^l-1}\Big(f'(x) + \sum_{k=l}^{\infty} A(k,l)\Big(\frac{h}{2^{n-1}}\Big)^{2k}\Big) \\ &= f'(x) + \sum_{k=l}^{\infty} A(k,l)\Big(\frac{4^l-4^k}{4^l-1}\Big)\Big(\frac{h}{2^{n-1}}\Big)^{2k}\Big) \end{aligned} \tag{5.16}$$

을 얻는다. ■

Richardson의 외삽법으로 얻지는 결과는 다음과 같은 하대각 행렬 모양인데

$$\begin{bmatrix} D(1,1) & & & & \\ D(2,1) & D(2,2) & & & \\ D(3,1) & D(3,2) & D(3,3) & \cdots & \\ \vdots & \vdots & \vdots & \vdots & \\ D(N,1) & D(N,2) & D(N,3) & \cdots & D(N,N) \end{bmatrix} \tag{5.17}$$

인데 마지막에 얻어지는 $D(N,N)$을 $f'(x)$의 (근사)값으로 얻는다. 이를 요약하면 다음과 같다.

1. $i = 1,2,\ldots,N$에 대해

$$D(i,1) = \phi\Big(\frac{h}{2^i}\Big) = \frac{f(x+h/2^i) - f(x-h/2^i)}{2h/2^i}$$

을 계산한다.

2. $j = 1, 2, \ldots, i-1$에 대해

$$D(i, j+1) = \frac{4^j}{4^j - 1}D(i, j) - \frac{1}{4^j - 1}D(i-1, j)$$

를 얻는다.

3. 마지막에 얻어지는 $D(N, N)$을 미분값으로 취한다.

예를 들어 $f(x) = \sin(x)$의 $x = 1/2$에서의 미분값을 구해보기로 하자. 먼저 $N = 4$, $h = 1/2$ 일 때 $i = 1, 2, 3, 4$ 일 때의 $D(i, 1) = \phi\Big(\frac{h}{2^i}\Big)$을 구해보면 각각 0.875299, 0.877011, 0.877440, 0.877547 가 되고 $j = 2$ 일 때의 값은 $D(2, 2) = 0.877582$, $D(3, 2) = 0.877583$ 및 $D(4, 2) = 0.877583$을 얻는다. $j = 3$일 때의 값은 $D(3, 3) = 0.877583$, $D(4, 3) = 0.877583$이다. 마지막으로 $D(4, 4) = 0.877583$이다. 따라서 위의 결과를 식 (5.17)과 같이 나열해 보면

$$\begin{bmatrix} 0.875299 & & & \\ 0.877011 & 0.877582 & & \\ 0.877440 & 0.877583 & 0.877583 & \\ 0.877547 & 0.877583 & 0.877583 & 0.877583 \end{bmatrix} \tag{5.18}$$

를 얻는다. 이 결과에 의하면 $\sin(x)$의 $x = 1/2$에서의 미분값은 약 0.877583이다. 이는 $\cos(0.5) = 0.877583$과 같은 결과이다.

5.2. 사다리꼴 공식과 사각형법

구간 $[a, b]$ 에서 정의된 함수 $f(x)$의 적분

$$I = \int_a^b f(x)dx \tag{5.19}$$

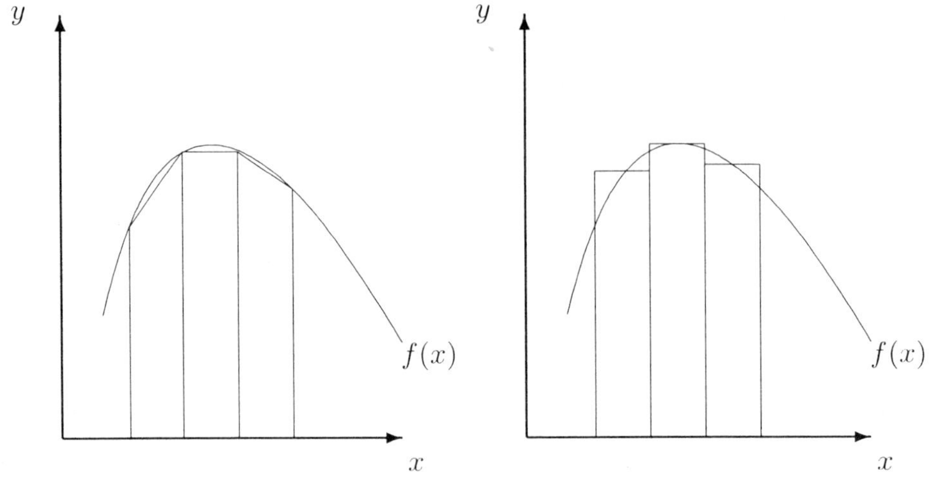

그림 5.1: 사각형법과 사다리꼴법

을 생각해보자. $a = x_1 < x_2 < \cdots < x_{n+1} = b$일 때 $[a, b]$를 n개의 구간으로 나눈 적분

$$I_i = \int_{x_i}^{x_{i+1}} f(x)dx \tag{5.20}$$

과는

$$I = \sum_{i=1}^{n} I_i \tag{5.21}$$

이 성립한다.

사다리꼴법(trapezoid rule)은 구간 $[x_i, x_{i+1}]$에서 I_i를 구하기 위해 $x \in [x_i, x_{i+1}]$에서 $f(x)$를 근사할 때

$$f(x) \approx \frac{f(x_i) + f(x_{i+1})}{2} \tag{5.22}$$

를 구하여 $h_i = x_{i+1} - x_i$ 일 때

$$I_i \approx h_i \frac{f(x_i) + f(x_{i+1})}{2} \tag{5.23}$$

로 근사하고 따라서

$$I \approx T(f) = \sum_{i=1}^{n} h_i \frac{f(x_i) + f(x_{i+1})}{2} \tag{5.24}$$

로 얻는 방법이다. 그림 5.1의 (A) 참조.

사각형법(rectangle rule)은 구간 $[x_i, x_{i+1}]$에서 I_i를 구하기 위해 $x \in [x_i, x_{i+1}]$에서 $f(x)$를 근사할 때

$$y_i = \frac{x_i + x_{i+1}}{2} \tag{5.25}$$

를 구하여 $f(y_i)$를 사용하고 따라서 $h_i = x_{i+1} - x_i$ 일 때

$$I_i \approx h_i f(y_i) \tag{5.26}$$

로 근사하고 따라서

$$I \approx R(f) = \sum_{i=1}^{n} h_i f(y_i) \tag{5.27}$$

로 얻는 방법이다. 그림 5.1의 (B) 참조. 그림 5.1에서 보는 것처럼 각 구간 $[x_i, x_{i+1}]$에서 사각형법은 상수함수로, 사다리꼴법은 직선인 함수로 피적분 함수 $f(x)$를 근사하는 것임을 알 수 있다. 따라서 만일 $f(x)$가 1차 함수이면 사다리꼴법은 항상 정확값을 주게된다.

이 두 방법은 모두 원하는 적분 (5.19)로 수렴한다. 즉,

$$\lim_{\max(h_i)\to 0} R(f) = I \tag{5.28}$$

$$\lim_{\max(h_i)\to 0} T(f) = I \tag{5.29}$$

이다. 이 둘은 원하는 적분으로 수렴한다는 사실은 같으나 어느 것이 더 빨리 수렴하는지 알아보자.

$f(x)$를 y_i에서 테일러 전개를 하면

$$\begin{aligned} f(x) &= f(y_i) + (x-y_i)f'(y_i) + (x-y_i)^2\frac{f''(y_i)}{2!} + (x-y_i)^3\frac{f'''(y_i)}{3!} \\ &+ (x-y_i)^4\frac{f^{(4)}(y_i)}{4!} + \text{나머지항} \end{aligned} \tag{5.30}$$

이 되고 따라서

$$\begin{aligned} \int_{x_i}^{x_{i+1}} (x-y_i)^p dx &= \frac{1}{p+1}\Big[\Big(\frac{h_i}{2}\Big)^{p+1} - \Big(\frac{-h_i}{2}\Big)^{p+1}\Big] \\ &= \begin{cases} h_i & p=0 \\ 0 & p=1 \\ h_i^3/12 & p=2 \\ 0 & p=3 \\ h_i^5/80 & p=4 \end{cases} \end{aligned} \tag{5.31}$$

이다. 따라서 사각형법을 사용하는 경우

$$\int_{x_i}^{x_{i+1}} f(x)dx = h_i f(y_i) + \frac{1}{24}h_i^3 f''(y_i) + \frac{1}{1920}h_i^5 f^{(4)}(y_i) + \cdots \tag{5.32}$$

이다.

이제 사다리꼴법을 사용하는 경우에 대해 알아보자. 식 (5.30)을 각각 x_i와 x_{i+1}에서의 값을 얻으면

$$\begin{aligned} f(x_i) &= f(y_i) - \frac{1}{2}h_i f'(y_i) + \frac{1}{8}h_i^2 f''(y_i) - \frac{1}{48}h_i^3 f'''(y_i) \\ &+ \frac{1}{384}h_i^4 f^{(4)}(y_i) + \text{나머지항} \end{aligned} \tag{5.33}$$

과

$$\begin{aligned} f(x_{i+1}) &= f(y_i) + \frac{1}{2}h_i f'(y_i) + \frac{1}{8}h_i^2 f''(y_i) + \frac{1}{48}h_i^3 f'''(y_i) \\ &+ \frac{1}{384}h_i^4 f^{(4)}(y_i) + \text{나머지항} \end{aligned} \tag{5.34}$$

이고 따라서

$$\frac{f(x_{i+1}) + f(x_i)}{2} = f(y_i) + \frac{1}{8}h_i^2 f''(y_i) + \frac{1}{384}h_i^4 f^{(4)}(y_i) + \cdots \tag{5.35}$$

이다. 따라서 식 (5.35)의 $f(y_i)$를 식 (5.32)에 대입하여 풀면

$$\int_{x_i}^{x_{i+1}} f(x)dx = h_i \frac{f(x_{i+1}) + f(x_i)}{2} - \frac{1}{12}h_i^3 f''(y_i) - \frac{1}{480}f^{(4)}(y_i) + \cdots \tag{5.36}$$

가 된다. 이제

$$E_1 = \frac{1}{24}\sum_{i=1}^{n} h_i^3 f''(y_i), \qquad E_2 = \frac{1}{1920}\sum_{i=1}^{n} h_i^5 f^{(4)}(y_i) \tag{5.37}$$

라고 하면 식 (5.32)과 식 (5.36)에서 실제 적분과 근사치의 차이는 사각형법과 사다리꼴법에서 각각

$$I - R(f) = E_1 + E_2 + \tag{5.38}$$

$$I - T(f) = -2E_1 - 4E_2 + \cdots \tag{5.39}$$

이다. 근사값과의 차이에 가장 큰 영향을 주는 차수가 가장 낮은 항을 생각할 때 사각형법과 사다리꼴법의 오차는 각각

$$e_1 = \frac{1}{12}\sum_{i=1}^{n} h_i^3 f''(y_i) \tag{5.40a}$$

$$e_2 = \frac{1}{24}\sum_{i=1}^{n} h_i^3 f''(y_i) \tag{5.40b}$$

이다. 따라서 사다리꼴법보다 사각형법이 2라는 배수만큼 더 정확하게 적분 (5.19)에 가깝게 계산해 준다. (독자들이 기대했던 것과 같은 결과인가?)

5.3. 심슨 공식

제 5.2 절에서 본 것 같이 사각형법은

$$I \approx R(f) = \sum_{i=1}^{n} h_i f(x_i) \tag{5.41}$$

로 계산하고 사다리꼴법은

$$I \approx T(f) = \sum_{i=1}^{n} h_i \frac{f(x_i) + f(x_{i+1})}{2} \tag{5.42}$$

로 계산하는 데 각각의 오차는

$$\begin{aligned} I - R(f) &= E_1 + E_2 + \cdots & (5.43) \\ I - T(f) &= -2E_1 - 4E_2 + \cdots & (5.44) \end{aligned}$$

이었다. 이 때 E_1의 차수가 낮기 때문에 전체 오차는 E_1의 크기에 달려있음을 보았다. 식 (5.43)와 식 (5.44)를 조합하면 E_1항을 없애고 오차가 h_i의 차수가 더 높은 항에 종속되게 할 수 있음을 알 수 있다. 즉,

$$S(f) = \frac{2}{3} R(f) + \frac{1}{3} T(f) \tag{5.45}$$

을 계산하면

$$S(f) = \sum_{i=1}^{n} \frac{1}{6} h_i \Big[f(x_i) + 4f\Big(\frac{x_i + x_{i+1}}{2}\Big) + f(x_{i+1}) \Big] \tag{5.46}$$

로 얻어진다. 이와 같이 적분을 근사하는 것을 **심슨법**(Simpson's rule)이라

고 한다. 오차항은 식 (5.43)와 식 (5.44)에서 바로 얻어지는데

$$\begin{aligned} I - S(f) &= \frac{2}{3}E_1 + \frac{2}{3}E_2 - \frac{2}{3}E_1 - \frac{4}{3}E_2 + \cdots \\ &= -\frac{2}{3}E_2 + \cdots \\ &= -\frac{1}{2880}\sum_{i=1}^{n} h_i^5 f^{(4)}(y_i) + \cdots \end{aligned} \tag{5.47}$$

로 h_i^5항에 비례한다. 따라서 심슨법은 사각형법이나 사다리꼴법이 h_i^3 항에 비례한 오차를 갖는데 비해 더욱 정밀한 적분의 근사치를 얻을 수 있다.

보기 5.1. 다음 두 가지 함수를 구간 $(0,1)$에서 수치적분을 이용하여 구해 보자.

$$f_1(x) = x^2 \tag{5.48}$$

$$f_2(x) = \sqrt{x} \tag{5.49}$$

여기서 $f_1''(x) = 2$이고 $f_2''(x) = -x^{-3/2}/4$이라서 적분 구간에서 f_1은 위로 볼록(convex)하고[1] f_2는 아래로 볼록(concave)함을 알 수 있다. 적분 구간 $(0,1)$을 균일하게 10개로 나누어서 각 구간에서 앞에서 본 사다리꼴법 사각형법 및 심슨법을 적용시킨 결과는 $f_1(x)$의 적분과정은 표 5.1에 $f_2(x)$의 적분과정은 표 5.2에 각각 정리하였다. 표 5.1에서 보는 결과는 사각형법은 실제 적분보다 작게, 사다리꼴 법은 실제 적분보다 크게 적분을 계산하였으며 심슨법은 이 둘의 중간의 적당한 지점으로 우리의 유효숫자 범위내에서는 옳은 값을 구하였다. 반대로 표 5.2에서 얻은 적분 값은 사다리꼴법에선 실제값보다 낮게, 사각형법에서는 참값보다 높게 적분을 계산하였다.

이와 같이 적분 값의 계산할 때 사다리꼴법이나 사각형법은 함수의 모양에 따라 오차가 어느 한쪽으로 치우칠 수가 있다. 오차의 크기는 x^2의 적

[1]위로 볼록한 함수(convex function)는 $\lambda \in (0,1)$ 에 대해 $f(\lambda x + (1-\lambda)y) \leq \lambda f(x) + (1-\lambda)f(y)$ 인 함수를 말하고 부등호의 방향이 반대인 경우에는 위로 오목한 함수(concave function)라고 한다. 어떤 함수의 2차 미분이 양수이면 그 함수는 convex이고 음수이면 concave이다.

표 5.1: $\int_0^1 x^2 dx$의 수치계산

구간	사각형법	심슨법	사다리꼴법
1	0.00025	0.00050	0.00033
2	0.00225	0.00250	0.00233
3	0.00625	0.00650	0.00633
4	0.01225	0.01250	0.01233
5	0.02025	0.02050	0.02033
6	0.03025	0.03050	0.03033
7	0.04225	0.04250	0.04233
8	0.05625	0.05650	0.05633
9	0.07225	0.07250	0.07233
10	0.09025	0.09050	0.09033
합	0.33250	0.33333	0.33500

표 5.2: 적분 $\int_0^1 x^{1/2} dx$의 수치 계산

구간	사각형법	심슨법	사다리꼴법
1	0.02236	0.01581	0.02018
2	0.03873	0.03817	0.03854
3	0.05000	0.04975	0.04992
4	0.05916	0.05901	0.05911
5	0.06708	0.06698	0.06705
6	0.07416	0.07409	0.07414
7	0.08062	0.08056	0.08060
8	0.08660	0.08655	0.08659
9	0.09220	0.09216	0.09218
10	0.09747	0.09743	0.09746
합	0.66838	0.66576	0.66051

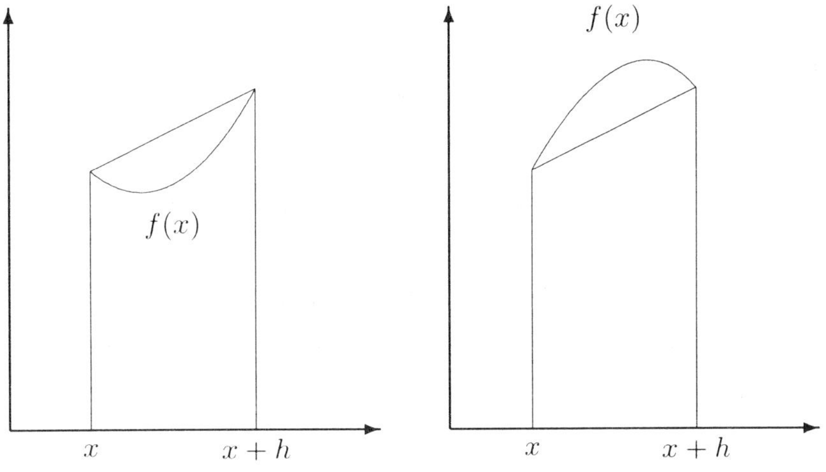

(가) 위로 볼록 (나) 아래로 볼록

그림 5.2: 위로 볼록한 경우와 아래로 볼록한 경우의 사다리꼴법

분인 경우 사다리꼴이 0.0008이고 사각형법이 0.0020으로 사다리꼴법의 오차가 크다. $\sqrt{x}$의 적분인 경우 오차의 크기(참값은 0.66667로 사용)는 사각형법인 경우 0.00171이고 사다리꼴법인 경우에는 0.00616으로 두 적분 모두에서 오차의 크기는 사다리꼴법인 경우가 더 크다. 또한 두 함수 모두의 경우에 식 (5.43)와 식 (5.44)에서 본 것처럼 사각형법과 사다리꼴법의 오차는 부호가 다르다는 것을 알 수 있으며 따라서 심슨법의 오차는 상대적으로 나머지 두 방법에 비해서 작다.

그림 5.2에는 사다리꼴법의 오차의 부호가 피적분함수가 위로 오목한 경우와 위로 볼록한 경우에 각각 음수와 양수가 되는지 그렸다. 이 그림에서 보는 것처럼 피적분함수 $f(x)$가 위로 볼록한 경우 사다리꼴법은 항상 참값보다 작은 값으로 적분을 얻고 위로 오목한 경우 사다리꼴법은 항상 참값보다 큰 값으로 적분을 얻게된다. 사각형법은 식 (5.43)와 식 (5.44)에서 보는 것처럼 사다리꼴법과는 오차의 부호가 반대로 된다.

연습문제

5.1 다음 적분을

$$\int_0^1 \sin \pi x dx \tag{5.50}$$

를 사각형법, 사다리꼴법 및 심슨법을 사용하여 구하여라. 사각형법이나 사다리꼴법이 적분의 참값보다 클지 작을지 예측하여 보아라. 만일 피적분함수가 $\sqrt[3]{x}$ 이면 사각형법과 사다리꼴법으로 구한 수치적분의 크기를 예측하고 실제 컴퓨터에서 계산한 값이 예상과 같은지 살펴보아라.

5.2 함수

$$f(x) = \cos(x)$$

$x = 1/2$에서의 미분값을 Richardson의 외삽법을 이용하여 구해 보아라. 식 (5.17)과 같은 행렬을 만들어 보아라. ($N = 4$)

제 6 장

행렬의 QR 분해와 최소제곱법

6.1. 직교 행렬과 QR 분해

직교 행렬(orthogonal matrix)이란 $n \times n$인 행렬 $\boldsymbol{Q}$에 대해

$$\boldsymbol{Q}\boldsymbol{Q}^T = \boldsymbol{Q}^T\boldsymbol{Q} = \boldsymbol{I}$$

인 행렬을 말한다. 여기서 $\boldsymbol{I}$는 $n \times n$ 인 고유행렬을 말한다. 즉 직교행렬 $\boldsymbol{Q}$의 모든 열은 그 크기가 1이고 다른 열과는 수직인 성질을 갖는다. 또한 $\boldsymbol{Q}$가 직교이면 $\boldsymbol{Q}^{-1} = \boldsymbol{Q}^T$이며 따라서

$$\boldsymbol{Q}\boldsymbol{x} = \boldsymbol{b}$$

의 해는 $\boldsymbol{x} = \boldsymbol{Q}^T\boldsymbol{b}$로 바로 얻어진다.

직교인 행렬의 예로는[1]

$$\boldsymbol{Q} = \begin{bmatrix} \cos\theta & -\sin\theta \\ \sin\theta & \cos\theta \end{bmatrix} \tag{6.1}$$

[1] 이를 Givens rotations라고 하기도 한다.

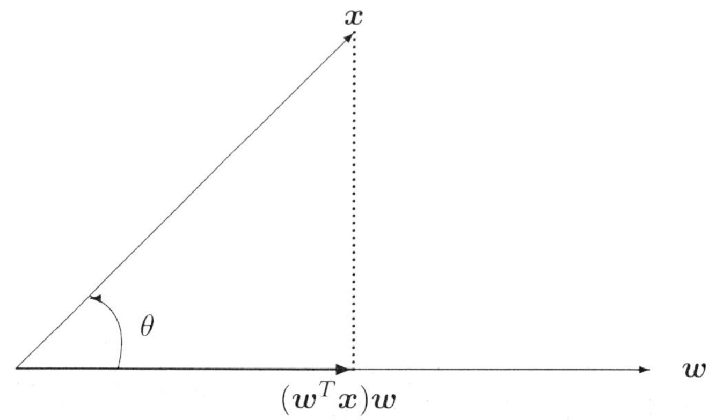

그림 6.1: $\boldsymbol{x}$를 $\boldsymbol{w}$에 프로젝션하기

나 다음 절에 볼 Householder reflection 등이 있다.

제 2 장에서 $n \times n$ 행렬의 LU 분해나 대칭인 양정치 행렬의 Cholesky 분해에 대해 알아보았다. 이절에서는 임의의 $n \times p$ 행렬의 QR 분해에 대해 알아보자. 행렬의 QR 분해란

$$\boldsymbol{A} = \boldsymbol{Q}\boldsymbol{R} \tag{6.2}$$

로 분해하는 것을 말한다. 여기서 $\boldsymbol{Q}$는 $n \times n$인 직교 행렬이고 $\boldsymbol{R}$은 $n \times p$ 차원인 상대각(upper diagonal) 행렬이다. 행렬의 QR 분해는 Householder reflection이나 Givens rotations 등을 사용한다.

6.2. Householder reflection

임의의 벡터 $\boldsymbol{x}$에 대한 Householder reflection이란 크기가 1인 열벡터 $\boldsymbol{w}$에 대해 다음과 같은 모양

$$\boldsymbol{H} = \boldsymbol{I} - 2\boldsymbol{w}\boldsymbol{w}^T \tag{6.3}$$

을 갖는 행렬 $\boldsymbol{H}$에 의한 선형변환 $\boldsymbol{H}\boldsymbol{x}$을 말한다.

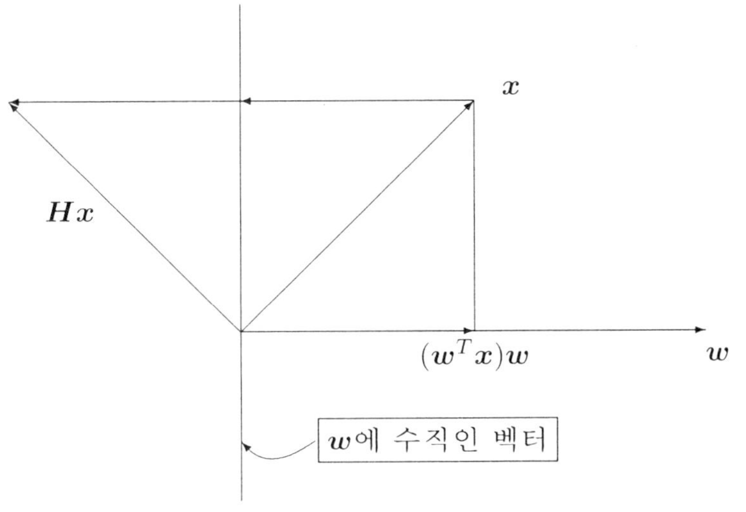

그림 6.2: $\boldsymbol{w}$에 수직인 선으로 대칭 이동 - Householder reflection

이 행렬 $\boldsymbol{H}$는 대칭이며

$$\boldsymbol{H}\boldsymbol{H}^T = \boldsymbol{H}\boldsymbol{H} = (\boldsymbol{I} - 2\boldsymbol{w}\boldsymbol{w}^T)(\boldsymbol{I} - 2\boldsymbol{w}\boldsymbol{w}^T) = \boldsymbol{I} - 4\boldsymbol{w}\boldsymbol{w}^T + 4\boldsymbol{w}\boldsymbol{w}^T = \boldsymbol{I} \quad (6.4)$$

이다. 따라서 $\boldsymbol{H}$는 직교 행렬이다.

참고 : $\boldsymbol{A}^2 = \boldsymbol{A}$가 되는 행렬은 멱등(idempotent) 행렬이라고 하며 멱등 행렬이면서 대칭인 행렬은 projcction 행렬이라고 한다. Projection 행렬의 예로는 선형모형에서 자주 만나는

$$\boldsymbol{P}_X = \boldsymbol{X}(\boldsymbol{X}^T\boldsymbol{X})^{-1}\boldsymbol{X}^T \quad (6.5)$$

등이 있다.

Householder 행렬을 어떤 벡터 $\boldsymbol{x}$에 적용한다는 것은 벡터 $\boldsymbol{w}$를 기준으로 $\boldsymbol{x}$를 대칭이동한 것과 같은 효과를 갖는다. 다음을 보자.

$$\boldsymbol{H}\boldsymbol{x} = (\boldsymbol{I} - 2\boldsymbol{w}\boldsymbol{w}^T)\boldsymbol{x} = \boldsymbol{x} - 2\boldsymbol{w}\boldsymbol{w}^T\boldsymbol{x} = \boldsymbol{x} - 2\boldsymbol{w}(\boldsymbol{w}^T\boldsymbol{x}) = \boldsymbol{x} - 2(\boldsymbol{w}^T\boldsymbol{x})\boldsymbol{w} \quad (6.6)$$

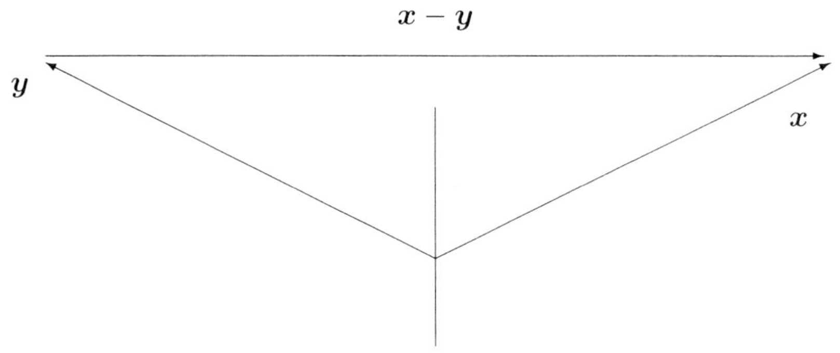

그림 6.3: $\boldsymbol{x}$의 $\boldsymbol{x}-\boldsymbol{y}$에 수직인 선에 대칭 이동

여기서

$$\boldsymbol{w}^T\boldsymbol{x} = ||\boldsymbol{w}|| \cdot ||\boldsymbol{x}|| \cos\theta$$

이고 $||\boldsymbol{w}|| = 1$ 이므로 그림 6.1에서 보는 것처럼 $(\boldsymbol{w}^T\boldsymbol{x})\boldsymbol{w}$는 $\boldsymbol{x}$를 $\boldsymbol{w}$에 projection한 것이다. 따라서 $\boldsymbol{H}\boldsymbol{x} = \boldsymbol{x}-2(\boldsymbol{w}^T\boldsymbol{x})\boldsymbol{w}$는 $\boldsymbol{w}$의 반대 방향으로 $\boldsymbol{w}^T\boldsymbol{x}$의 2배만큼 이동한 벡터와 $\boldsymbol{x}$와의 차이다. 결과적으로 $\boldsymbol{H}\boldsymbol{x}$는 그림 6.2에서 보는 것과 같이 $\boldsymbol{w}$에 수직인 벡터를 기준으로 $\boldsymbol{x}$를 대칭이동한 것이 된다. 이런 의미에서 Householder 행렬을 elementary reflectors라고 한다. Householder 행렬의 또 다른 성질로 $\boldsymbol{x}$와 $\boldsymbol{y}$가 $\boldsymbol{0}$이 아닌 벡터일 때

$$\boldsymbol{w} = \frac{\boldsymbol{x}-\boldsymbol{y}}{||\boldsymbol{x}-\boldsymbol{y}||_2} \tag{6.7}$$

라 하면

$$\boldsymbol{H}\boldsymbol{x} = (\boldsymbol{I} - 2\boldsymbol{w}\boldsymbol{w}^T)\boldsymbol{x} = \boldsymbol{y} \tag{6.8}$$

가 성립한다. 이의 기하학적 의미는 그림 6.3에서 보는 것과 같이 $\boldsymbol{w}$가 식 (6.7)처럼 주어지면 $\boldsymbol{x}$를 $\boldsymbol{x}-\boldsymbol{y}$ 에 수직인 방향으로 대칭이동한 $\boldsymbol{y}$가 된다.

이제 주어진 $\boldsymbol{x}$에 대해 $\boldsymbol{y}$가

$$\begin{aligned} y_1 &= x_1, y_2 = x_2, \ldots, y_{k-1} = x_{k-1} \\ y_k &= \pm\sqrt{x_k^2 + x_{k+1}^2 + \cdots + x_n^2} \\ y_{k+1} &= 0, y_{k+2} = 0, \ldots, y_n = 0 \end{aligned} \tag{6.9}$$

가 되는 $\boldsymbol{H}$를 찾아보자. 여기서 $\|\boldsymbol{x}\|_2 = \|\boldsymbol{y}\|_2$이므로 $\boldsymbol{x}$와 $\boldsymbol{y}$는 길이가 같고 $\boldsymbol{x}$의 처음 $(k-1)$ 번째까지의 원소는 그 값이 변하지 않고 k번째 값은 변하며 나머지 원소들은 모두 0으로 만드는 것이다. 즉,

$$s = \sqrt{x_k^2 + x_{k+1}^2 + \cdots + x_n^2} \tag{6.10}$$

이라고 하고

$$\operatorname{sign}(x) = \begin{cases} 1 & x > 0 \\ -1 & x < 0 \end{cases} \tag{6.11}$$

이라 할 때

$$\boldsymbol{w} = \frac{1}{\sqrt{2s(s+|x_k|)}} \begin{bmatrix} 0 \\ \vdots \\ 0 \\ x_k + \operatorname{sign}(x_k)s \\ x_{k+1} \\ \vdots \\ x_n \end{bmatrix} \tag{6.12}$$

로 하면 $\|\boldsymbol{w}\| = 1$ 이며 $\boldsymbol{H} = \boldsymbol{I} - 2\boldsymbol{w}\boldsymbol{w}^T$라 하면 $\boldsymbol{y} = \boldsymbol{H}\boldsymbol{x}$는 식 (6.9)를 만족시키는 것을 알 수 있다.

예를 들어서

$$\boldsymbol{x} = \begin{bmatrix} 4 \\ 3 \end{bmatrix}$$

로 하고 $\boldsymbol{x}$의 처음 원소는 0이 아닌대로 두고 그 다음 원소부터는 0으로 만

드는 Householder reflection을 생각해 보자. 즉, $k = 1$일 때를 생각해보자. 여기서 $s = 5$ 이고

$$\boldsymbol{w} = \frac{1}{\sqrt{2 \cdot 5(5+4)}} \begin{bmatrix} 4+5 \\ 3 \end{bmatrix} = \frac{1}{\sqrt{90}} \begin{bmatrix} 9 \\ 3 \end{bmatrix}$$

이므로

$$\boldsymbol{H} = \boldsymbol{I} - 2\boldsymbol{w}\boldsymbol{w}^T = -\frac{1}{5} \begin{bmatrix} 4 & 3 \\ 3 & -4 \end{bmatrix} \tag{6.13}$$

이므로

$$\boldsymbol{H}\boldsymbol{x} = \begin{bmatrix} -5 \\ 0 \end{bmatrix} \tag{6.14}$$

이 된다.

또 다른 예로 이번에는

$$\boldsymbol{x} = \begin{bmatrix} 7 \\ 4 \\ 3 \end{bmatrix}$$

로 하고 $k = 2$일 때, 즉 처음 두 번째까지의 원소는 변하지 않고 그 다음부터는 0이 되는 경우를 생각해보자. 여기서 $s = 5$ 이고

$$\boldsymbol{w} = \frac{1}{\sqrt{2 \cdot 5(5+4)}} \begin{bmatrix} 0 \\ 4+5 \\ 3 \end{bmatrix} = \frac{1}{\sqrt{90}} \begin{bmatrix} 0 \\ 9 \\ 3 \end{bmatrix}$$

이므로

$$\boldsymbol{H} = \boldsymbol{I} - 2\boldsymbol{w}\boldsymbol{w}^T = \frac{1}{5} \begin{bmatrix} 5 & 0 & 0 \\ 0 & -4 & -3 \\ 0 & -3 & 4 \end{bmatrix} \tag{6.15}$$

이므로

$$\boldsymbol{H}\boldsymbol{x} = \begin{bmatrix} 7 \\ -5 \\ 0 \end{bmatrix} \tag{6.16}$$

이 된다. 위의 두 예에서 $||\boldsymbol{x}||_2 = ||\boldsymbol{H}\boldsymbol{x}||_2$으로 Householder refection의 결과로 크기는 변하지 않음을 알 수 있다.

이제 앞에서 본 같은 열벡터의 Householder reflection을 이용하여 임의의 $n \times p$행렬 A의 QR 분해를 생각해보자. 앞에서 $\boldsymbol{A}$의 k번째 열에 대해 $(k-1)$번째 원소까지는 변화시키지 않고 $(k+1)$번째 이후 원소는 모두 0으로 변화시키는 방법을 보았으므로 이를 $\boldsymbol{A}$의 각 열에 적용시켜 $\boldsymbol{A}$를 상대각행렬로 만들면 된다.

예를 들어

$$\boldsymbol{A} = \begin{bmatrix} 10 & 9 & 18 \\ 20 & -15 & -15 \\ 20 & -12 & 51 \end{bmatrix} \tag{6.17}$$

이라면 먼저 $\boldsymbol{A}$의 처음 열에 대한 $\boldsymbol{w}$를 식 (6.7)을 이용하여 구하고 $\boldsymbol{H}_1 = \boldsymbol{I} - 2\boldsymbol{w}\boldsymbol{w}^T$를 구하면

$$\boldsymbol{H}_1 = -\frac{1}{3}\begin{bmatrix} 1 & 2 & 2 \\ 2 & -2 & 1 \\ 2 & 1 & -2 \end{bmatrix} \tag{6.18}$$

이다. 따라서

$$\boldsymbol{A}_1 = \boldsymbol{H}_1\boldsymbol{A} = -\frac{1}{3}\begin{bmatrix} 1 & 2 & 2 \\ 2 & -2 & 1 \\ 2 & 1 & -2 \end{bmatrix}\begin{bmatrix} 10 & 9 & 18 \\ 20 & -15 & -15 \\ 20 & -12 & 51 \end{bmatrix}$$

$$= \begin{bmatrix} -30 & 15 & -30 \\ 0 & -12 & -39 \\ 0 & -9 & 27 \end{bmatrix} \tag{6.19}$$

이 된다. 이제 $\boldsymbol{A}$의 두번째 열 $(15, -12, 9)^T$에 대한 Householder 행렬을 구하면

$$\boldsymbol{H}_2 = \begin{bmatrix} 1 & 0 & 0 \\ 0 & -0.8 & -0.6 \\ 0 & -0.6 & 0.8 \end{bmatrix} \tag{6.20}$$

이 되어서

$$\begin{aligned} \boldsymbol{A}_2 = \boldsymbol{H}_2\boldsymbol{A}_1 &= \begin{bmatrix} 1 & 0 & 0 \\ 0 & -0.8 & -0.6 \\ 0 & -0.6 & 0.8 \end{bmatrix} \begin{bmatrix} -30 & 15 & -30 \\ 0 & -12 & -39 \\ 0 & -9 & 27 \end{bmatrix} \\ &= \begin{bmatrix} -30 & 15 & -30 \\ 0 & 15 & 15 \\ 0 & 0 & 45 \end{bmatrix} \end{aligned} \tag{6.21}$$

가 된다. 여기서 $\boldsymbol{A}_2$는 상대각 행렬이므로 원하는 목적지 $\boldsymbol{R}$에 도달하였다. 즉,

$$\boldsymbol{H}_2\boldsymbol{H}_1\boldsymbol{A} = \boldsymbol{A}_2 = \boldsymbol{R} \tag{6.22}$$

이므로 $\boldsymbol{Q} = \boldsymbol{H}_1\boldsymbol{H}_2$라 하면

$$\boldsymbol{Q}\boldsymbol{Q}^T = (\boldsymbol{H}_1\boldsymbol{H}_2)^T(\boldsymbol{H}_1\boldsymbol{H}_2) = \boldsymbol{H}_2^T\boldsymbol{H}_1^T\boldsymbol{H}_1\boldsymbol{H}_2 = \boldsymbol{H}_1^T\boldsymbol{H}_1 = \boldsymbol{I}$$

이므로 $\boldsymbol{Q}$는 직교이며

$$\boldsymbol{A} = \boldsymbol{H}_1\boldsymbol{H}_2\boldsymbol{A}_2 = \boldsymbol{H}_1\boldsymbol{H}_2\boldsymbol{R} = \boldsymbol{Q}\boldsymbol{R} \tag{6.23}$$

이 성립한다. 이와 같이 행렬 $\boldsymbol{A}$를 직교행렬 $\boldsymbol{Q}$와 상대각 행렬 $\boldsymbol{R}$의 곱으로

분해하는 것을 QR 분해(QR decomposition)라고 한다.

일반적인 $n \times p$ 행렬에서는

$$\boldsymbol{Q} = \boldsymbol{H}_1\boldsymbol{H}_2\cdots\boldsymbol{H}_{p-1} \quad \text{이고} \quad \boldsymbol{R} = \boldsymbol{A}_{p-1} \tag{6.24}$$

로 얻어진다.

위의 결과를 정리하면 다음과 같은 알고리즘을 얻을 수 있다.

알고리즘 6.1.

$k \leftarrow 0.$

for $l = 1$ to p.

  $k \leftarrow k+1$ 만일 $k = n$이면 $d \leftarrow a_{kl}$로 하고 l에 대한 반복에서 빠져 나간다.

  $s \leftarrow \sqrt{\sum_{i=k}^{n} a_{il}^2}.$

  만일 $s = 0$이면 $d_l \leftarrow 0$ 으로 하고 next l.

  $t \leftarrow a_{kl}$ $r \leftarrow 1/\sqrt{s(s+|t|)}$, 만일 $t < 0$ 이면 $s \leftarrow -s$.

  for $i = k+1$ to n, $a_{ik} \leftarrow ra_{il}$.

  for $j = 1$ to p

    $t \leftarrow 0.$

    for $i - 1$ to n $t \leftarrow t + a_{ik}a_{ij}$

    for $i = k$ to n $a_{ij} \leftarrow a_{ij} - ta_{ik}$

  next j

next l

6.3. Givens rotation

앞절에서 본 Householder reflection을 이용하는 방법 외에 Givens rotation을 이용한 QR 분해가 있다. Givens rotation이란 $c^2 + s^2 = 1$인 실수 c 와 s에

대해

$$
\boldsymbol{G}_{ij} = \begin{bmatrix} 1 & & & & & & & & & & \\ & \ddots & & & & & & & & & \\ & & 1 & & & & & & & & \\ & & & c & 0 & \cdots & 0 & -s & & & \\ & & & 0 & 1 & & & 0 & & & \\ & & & \vdots & & \ddots & & \vdots & & & \\ & & & 0 & & & 1 & 0 & & & \\ & & & s & 0 & \cdots & 0 & c & & & \\ & & & & & & & & 1 & & \\ & & & & & & & & & \ddots & \\ & & & & & & & & & & 1 \end{bmatrix} \tag{6.25}
$$

인 행렬을 말한다. 즉 i번째 행과 j번째 열을 제외한 나머지 부분은 고유행렬이고 (i,i)와 (j,j)번째 대각선 값은 c, (i,j)번째 원소는 $-s$, (j,i)번째 원소는 s인 모든 행렬은 Givens rotation이다. $\boldsymbol{G}_{ij}$에서 다음과 같이

$$
\begin{bmatrix} c & -s \\ s & c \end{bmatrix} \tag{6.26}
$$

2×2 행렬을 취하면

$$
\begin{bmatrix} c & -s \\ s & c \end{bmatrix} \begin{bmatrix} c & -s \\ s & c \end{bmatrix}^T = \begin{bmatrix} c^2+s^2 & 0 \\ 0 & c^2+s^2 \end{bmatrix} = \begin{bmatrix} 1 & 0 \\ 0 & 1 \end{bmatrix} \tag{6.27}
$$

이라서 이 행렬은 직교행렬이라는 것을 알 수 있다. 식 (6.25)도 $\boldsymbol{G}_{ij}^T\boldsymbol{G}_{ij} = \boldsymbol{G}_{ij}\boldsymbol{G}_{ij}^T = \boldsymbol{I}$로 역시 직교행렬이다.

이차원인 두벡터 $\boldsymbol{x}$와 $\boldsymbol{y}$에 대해

$$\begin{bmatrix} y_1 \\ y_2 \end{bmatrix} = \begin{bmatrix} \cos\theta & -\sin\theta \\ \sin\theta & \cos\theta \end{bmatrix} \begin{bmatrix} x_1 \\ x_2 \end{bmatrix} \tag{6.28}$$

를 취하면 그림 6.4에서 보는 것과 같이 $\boldsymbol{y}$는 $\boldsymbol{x}$를 시계반대 방향으로 θ 만큼 회전 이동한 벡터가 된다. (Rotation!) 예를 들어 $\theta = \frac{2}{3}\pi$이라고 하면 Givens rotation은

$$\begin{bmatrix} \frac{1}{2} & -\frac{\sqrt{3}}{2} \\ \frac{\sqrt{3}}{2} & \frac{1}{2} \end{bmatrix}$$

가 되고 $\boldsymbol{x} = (2, 1)$을 이 행렬의 오른쪽에 곱하여 이를 $\boldsymbol{y}$라 하면

$$\begin{bmatrix} \frac{1}{2} & -\frac{\sqrt{3}}{2} \\ \frac{\sqrt{3}}{2} & \frac{1}{2} \end{bmatrix} \begin{bmatrix} 2 \\ 1 \end{bmatrix} = \begin{bmatrix} \frac{2-\sqrt{3}}{2} \\ \frac{2\sqrt{3}+1}{2} \end{bmatrix} \tag{6.29}$$

이라서 Givens rotation을 적용하기 전후의 벡터의 크기는 $\boldsymbol{x}$, $\boldsymbol{y}$ 모두 $\sqrt{5}$로 같고 둘 사이의 각은

$$\theta = \cos^{-1}\frac{\boldsymbol{x}\cdot\boldsymbol{y}}{||\boldsymbol{x}||_2||\boldsymbol{y}||_2} = \cos^{-1}\frac{1}{2} = \frac{2}{3}\pi \tag{6.30}$$

임을 알 수 있다. 따라서 Givens rotation을 적용한다는 것은 어떤 벡터의 두 원소를 (나머지 원소는 그대로 두면서) $\theta = \arctan s/c$ 만큼의 각도도 회전한다는 의미가 된다. 이차원 벡터 $\boldsymbol{x}$에 대해

$$c = \frac{x_1}{\sqrt{x_1^2 + x_2^2}} \qquad s = -\frac{x_2}{\sqrt{x_1^2 + x_2^2}} \tag{6.31}$$

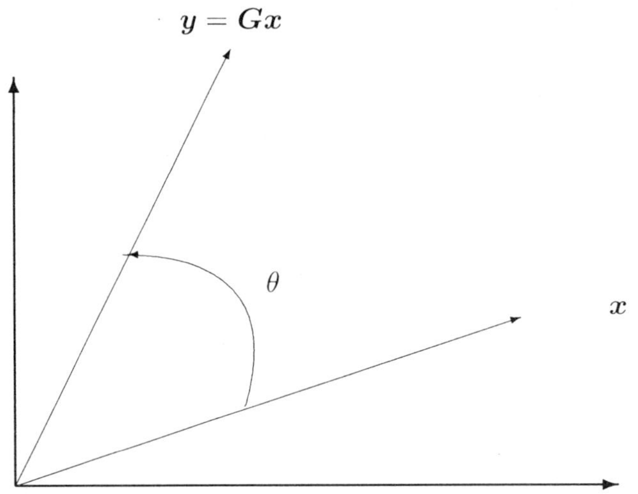

그림 6.4: Givens rotation

라 두면 $c^2 + s^2 = 1$ 이며

$$\begin{bmatrix} c & -s \\ s & c \end{bmatrix} \begin{bmatrix} x_1 \\ x_2 \end{bmatrix} = \begin{bmatrix} \sqrt{x_1^2 + x_2^2} \\ 0 \end{bmatrix} \tag{6.32}$$

으로 $(2,1)$ 번째 원소를 0으로 만든다. 이와 같은 사실을 이용하여 QR 분해를 하려면 행렬 $\boldsymbol{A}$의 대각선 아래 원소를 0으로 만드는 Givens rotation을 적용하면 된다는 것을 알 수 있다.

예를 들어

$$\boldsymbol{A} = \begin{bmatrix} 480 & -96 & -3784 \\ 640 & 1872 & 1288 \\ -600 & -3080 & -3320 \end{bmatrix} \tag{6.33}$$

를 Givens rotation을 사용하여 $(2,1)$ 번째 원소를 0으로 만들려면 $x_1 = 480$, $x_2 = 640$으로 하여 c와 s를

$$c = \frac{480}{\sqrt{480^2 + 640^2}} \qquad s = -\frac{640}{\sqrt{480^2 + 640^2}} \tag{6.34}$$

로 잡아서

$$G_{21} = \begin{bmatrix} 0.6 & 0.8 & 0 \\ -0.8 & 0.6 & 0 \\ 0.0 & 0.0 & 1 \end{bmatrix} \tag{6.35}$$

를 사용하여

$$A_{21} = G_{21}A = \begin{bmatrix} 800 & 1440 & -1240 \\ 0 & 1200 & 3800 \\ -600 & -3080 & -3320 \end{bmatrix} \tag{6.36}$$

이제 행렬 A_{21}의 $(3, 1)$ 번째 원소를 0으로 만들기 위해 $x_1 = 800, x_2 = -600$을 잡아서 G_{31}을

$$G_{31} = \begin{bmatrix} 0.8 & 0 & -0.6 \\ 0.0 & 1 & 0.0 \\ 0.6 & 0 & 0.8 \end{bmatrix} \tag{6.37}$$

로 얻으면

$$A_{31} = G_{31}A_{21} = \begin{bmatrix} 1000 & 3000 & 1000 \\ 0 & 1200 & 3800 \\ 0 & -1600 & -3400 \end{bmatrix} \tag{6.38}$$

가 되며 마지막으로 A_{31}의 $(3, 2)$ 번째 원소를 0으로 하기 위해 $x_1 = 1200, x_2 = -1600$으로 잡아서

$$G_{32} = \begin{bmatrix} 1 & 0.0 & 0.0 \\ 0 & 0.6 & -0.8 \\ 0 & 0.8 & 0.6 \end{bmatrix} \tag{6.39}$$

를 얻어서

$$R = G_{32}A_{31} = \begin{bmatrix} 1000 & 3000 & 1000 \\ 0 & 2000 & 5000 \\ 0 & 0 & 1000 \end{bmatrix} \tag{6.40}$$

를 계산하여 상대각 행렬 $\boldsymbol{R}$을 얻게 된다. 위의 계산 결과는

$$\boldsymbol{G}_{32}\boldsymbol{G}_{31}\boldsymbol{G}_{21}\boldsymbol{A} = \boldsymbol{R} \tag{6.41}$$

이고 $\boldsymbol{G}_{32}$, $\boldsymbol{G}_{31}$ 및 $\boldsymbol{G}_{21}$는 모두 직교행렬이므로 $\boldsymbol{Q} = \boldsymbol{G}_{21}^T\boldsymbol{G}_{31}^T\boldsymbol{G}_{32}^T$ 라고 하면

$$\boldsymbol{Q} = \begin{bmatrix} 0.48 & -0.768 & -0.424 \\ 0.64 & -0.024 & 0.768 \\ -0.60 & -0.640 & 0.480 \end{bmatrix} \tag{6.42}$$

$\boldsymbol{Q}^T\boldsymbol{Q} = \boldsymbol{Q}\boldsymbol{Q}^T = \boldsymbol{I}$로 $\boldsymbol{Q}$ 가 직교행렬이고

$$\boldsymbol{G}_{21}^T\boldsymbol{G}_{31}^T\boldsymbol{G}_{32}^T\boldsymbol{R} = \boldsymbol{Q}\boldsymbol{R} = \boldsymbol{A} \tag{6.43}$$

로 $\boldsymbol{A} = \boldsymbol{Q}\boldsymbol{R}$로 분해할 수 있음을 알 수 있다.

이를 일반화하면

$$(\boldsymbol{G}_{21}\boldsymbol{G}_{31}\cdots\boldsymbol{G}_{n1})(\boldsymbol{G}_{32}\boldsymbol{G}_{42}\cdots\boldsymbol{G}_{n2})\cdots\boldsymbol{G}_{n,n-1}\boldsymbol{A} = \boldsymbol{R}$$

이 되며 이는 다시 쓰면

$$\prod_{j=1}\prod_{i>j}\boldsymbol{G}_{ij}\boldsymbol{A} = \boldsymbol{R}$$

임을 얻을 수 있으며

$$\boldsymbol{Q} = (\prod_{j=1}\prod_{i>j}\boldsymbol{G}_{ij})^T$$

라고 할 때 $\boldsymbol{Q}$는 직교이며 $\boldsymbol{A} = \boldsymbol{Q}\boldsymbol{R}$로 분해됨을 볼 수 있다.

위의 예에서 보는 것처럼 한 번의 Givens rotation으로 $\boldsymbol{A}$의 원소는

$$\begin{aligned} a_{jk}^{\text{new}} &= ca_{ik} - sa_{jk} \\ a_{ik}^{\text{new}} &= sa_{ik} + ca_{jk} \end{aligned} \tag{6.44}$$

으로 바뀌고 ($k = 1, 2, \ldots, n$) 각각의 k에 대해서 네번씩의 계산을 한다. 이런 계산을 반으로 줄이는 방법으로 fast Givens rotation을 사용한다(Hager (1988)).

6.4. 선형 연립방정식

다음과 같은 선형방정식을

$$\boldsymbol{Ax} = \boldsymbol{b} \tag{6.45}$$

를 QR 분해를 이용하여 푸는 것을 생각해 보자.

$$\boldsymbol{Ax} = \boldsymbol{QRx} = \boldsymbol{b} \tag{6.46}$$

이므로

1. $\boldsymbol{Qy} = \boldsymbol{b}$를 $\boldsymbol{y}$에 대해 푼다. 이 과정은 $\boldsymbol{Q}$가 직교행렬이므로 $\boldsymbol{Q}^T$가 $\boldsymbol{Q}^{-1}$이라서 $\boldsymbol{y} = \boldsymbol{Q}^T\boldsymbol{b}$로 바로 얻어진다.

2. $\boldsymbol{Rx} = \boldsymbol{y}$를 $\boldsymbol{x}$에 대해 푼다. 이 과정은 $\boldsymbol{R}$이 상대각 행렬이므로 back substitution을 이용하여 푼다.

따라서 계수 행렬 $\boldsymbol{A}$가 QR 분해가 되었다면 식 (6.45)의 해는 제2장에서 본 LU 분해보다 간단하게 $\boldsymbol{x}$를 얻을 수 있다.

6.5. 선형모형과 최소제곱법

통계학에서 만나는 선형모형은 $\boldsymbol{X}$가 $n \times p$행렬일 때

$$\boldsymbol{y} = \boldsymbol{X\beta} + \boldsymbol{\epsilon} \quad \boldsymbol{\epsilon} \sim N(\boldsymbol{0}, \boldsymbol{I}\sigma^2) \tag{6.47}$$

에서 $\boldsymbol{\beta}$의 추정치로

$$\hat{\boldsymbol{\beta}} = \arg\min_{\boldsymbol{\beta}} ||\boldsymbol{y} - \boldsymbol{X\beta}||_2^2 = \arg\min_{\boldsymbol{\beta}} (\boldsymbol{y} - \boldsymbol{X\beta})^T(\boldsymbol{y} - \boldsymbol{X\beta}) \tag{6.48}$$

를 얻는 방법을 최소자승법 또는 최소제곱법이라고 하고 이 해를 $\hat{\boldsymbol{\beta}}$로 나타낸다. 이 최소제곱법의 이론적인 해는

$$\hat{\beta} = (\boldsymbol{X}^T\boldsymbol{X})^{-1}\boldsymbol{X}^T\boldsymbol{y} \tag{6.49}$$

이며

$$\hat{\beta} \sim N(\beta, (\boldsymbol{X}^T\boldsymbol{X})^{-1}\sigma^2) \tag{6.50}$$

$\hat{\sigma}^2$의 추정치는 $(\boldsymbol{y} - \boldsymbol{X}\hat{\beta})^T(\boldsymbol{y} - \boldsymbol{X}\hat{\beta})/(n-p)$를 사용하는데 이는

$$\frac{\boldsymbol{y}^T[\boldsymbol{I} - \boldsymbol{P}_X]\boldsymbol{y}}{n-p} \tag{6.51}$$

로 자주 쓴다. 여기서 $\boldsymbol{P}_X$는 식 (6.5)에 주어진 것이다.

이제 $\boldsymbol{X}$를 이용하여 최소제곱법을 사용하는 문제를 생각해 보자. $n \times p$ 차원인 행렬 $\boldsymbol{X}$의 QR 분해를

$$\boldsymbol{X} = \boldsymbol{Q}\boldsymbol{R} \tag{6.52}$$

이라 하자. 여기서 $\boldsymbol{Q}$는 $n \times n$, $\boldsymbol{R}$은 $n \times p$ 차원이다. 일반적으로 $n > p$ 이므로 상대각 행렬 $\boldsymbol{R}$은 0인 부분과 $p \times p$ 정방행렬 $\boldsymbol{R}_1$로 다음과 같이 나눌 수 있다. $\boldsymbol{R}_1$도 당연히 상대각 행렬이다.

$$\boldsymbol{R} = \begin{bmatrix} \boldsymbol{R}_1 \\ \cdots \\ \boldsymbol{0} \end{bmatrix} \tag{6.53}$$

이제 $\boldsymbol{Q}$도 처음의 p개의 열과 나머지 $(n-p)$개의 열을 각각 $\boldsymbol{Q}_1$과 $\boldsymbol{Q}_2$라 하면

$$\boldsymbol{Q} = \begin{bmatrix} \boldsymbol{Q}_1 & \vdots & \boldsymbol{Q}_2 \end{bmatrix} \tag{6.54}$$

이 된다. 따라서

$$\boldsymbol{X} = \boldsymbol{Q}\boldsymbol{R} = [\boldsymbol{Q}_1 \vdots \boldsymbol{Q}_2] \begin{bmatrix} \boldsymbol{R}_1 \\ \dots \\ \mathbf{0} \end{bmatrix} = \boldsymbol{Q}_1 \boldsymbol{R}_1 \tag{6.55}$$

이다.

이제 $\hat{\beta}$를 구하는 것을 생각해보면 $\boldsymbol{Q}\boldsymbol{R} = \boldsymbol{Q}_1\boldsymbol{R}_1$이며 $\boldsymbol{R}^T\boldsymbol{Q}^T = \boldsymbol{R}_1^T\boldsymbol{Q}_1^T$ 이므로

$$\begin{aligned} (\boldsymbol{X}^T\boldsymbol{X})\hat{\beta} &= \boldsymbol{X}^T\boldsymbol{y} \\ (\boldsymbol{R}^T\boldsymbol{Q}^T\boldsymbol{Q}\boldsymbol{R})\hat{\beta} &= \boldsymbol{R}^T\boldsymbol{Q}^T\boldsymbol{y} \\ \boldsymbol{R}^T\boldsymbol{R}\hat{\beta} &= \boldsymbol{R}^T\boldsymbol{Q}^T\boldsymbol{y} \end{aligned} \tag{6.56}$$

이며 $Col_i(\boldsymbol{Q})$를 $\boldsymbol{Q}$의 i번째 열이라고 하면

$$\boldsymbol{Q}^T\boldsymbol{y} = \begin{bmatrix} Col_1(\boldsymbol{Q})^T\boldsymbol{y} \\ Col_2(\boldsymbol{Q})^T\boldsymbol{y} \\ \vdots \\ Col_n(\boldsymbol{Q})^T\boldsymbol{y} \end{bmatrix} = \begin{bmatrix} \boldsymbol{Q}_1^T \\ \boldsymbol{Q}_2^T \end{bmatrix} \boldsymbol{y}$$

이므로 식 (6.56)의 우변은

$$\boldsymbol{R}^T\boldsymbol{Q}^T\boldsymbol{y} = [\boldsymbol{R}_1^T \vdots \mathbf{0}^T] \begin{bmatrix} Col_1(\boldsymbol{Q})^T\boldsymbol{y} \\ Col_2(\boldsymbol{Q})^T\boldsymbol{y} \\ \vdots \\ Col_n(\boldsymbol{Q})^T\boldsymbol{y} \end{bmatrix} = \boldsymbol{R}_1^T\boldsymbol{Q}_1^T\boldsymbol{y} \tag{6.57}$$

이다. 또한 식 (6.57)에서의 우변은 $(\boldsymbol{Q}^T\boldsymbol{y})_1$를 $\boldsymbol{Q}^T\boldsymbol{y}$의 처음 p개의 원소라고

할 때

$$\boldsymbol{R}\boldsymbol{Q}^T\boldsymbol{y} = \boldsymbol{R}_1^T(\boldsymbol{Q}^T\boldsymbol{y})_1 \tag{6.58}$$

이다. 따라서 식 (6.56)은

$$\begin{aligned}\boldsymbol{R}_1^T\boldsymbol{R}_1\hat{\boldsymbol{\beta}} &= \boldsymbol{R}_1^T(\boldsymbol{Q}^T\boldsymbol{y})_1 \\ &= \boldsymbol{R}_1^T\boldsymbol{Q}_1^T\boldsymbol{y}\end{aligned}$$

이므로

$$\begin{aligned}\boldsymbol{R}_1\hat{\boldsymbol{\beta}} &= (\boldsymbol{Q}^T\boldsymbol{y})_1 &(6.59)\\ &= \boldsymbol{Q}_1^T\boldsymbol{y} &(6.60)\end{aligned}$$

이다. 따라서 $\boldsymbol{\beta}$의 최소제곱 추정치는

$$\boldsymbol{R}_1\hat{\boldsymbol{\beta}} = (\boldsymbol{Q}^T\boldsymbol{y})_1 \tag{6.61}$$

의 해이며 $\boldsymbol{R}_1$이 상대각 행렬이므로 back substitution으로 바로 구해진다.

여기서 $\boldsymbol{Q}^T\boldsymbol{y}$의 앞의 p개의 원소로 이루어진 벡터 $(\boldsymbol{Q}^T\boldsymbol{y})_1$는 $\boldsymbol{Q}$를 얻어서 $\boldsymbol{y}$에 곱하는 것이 아니고 행렬 $\boldsymbol{X}$의 QR 분해 과정에서 얻을 수 있다. 예를 들어 Householder 방법을 이용하여 행렬 X를 분해한다면 실제 분해과정은 앞에서 본대로

$$\boldsymbol{H}_{p-1}\boldsymbol{H}_{p-2}\cdots\boldsymbol{H}_1\boldsymbol{X} = \boldsymbol{R}$$

이 되며 매 반복에서 $\boldsymbol{H}_i$를 $\boldsymbol{X}$에 곱하게 된다. 이때 H_i를 $\boldsymbol{y}$에도 동시에 곱해 주면

$$\boldsymbol{H}_{p-1}\boldsymbol{H}_{p-2}\cdots\boldsymbol{H}_1\boldsymbol{y} = \boldsymbol{Q}^T\boldsymbol{y}$$

를 얻을 수 있게 된다. 따라서 QR 분해의 과정에서 $\boldsymbol{Q}^T\boldsymbol{y}$는 얻어지므로 따로 $\boldsymbol{Q}$를 저장할 이유가 없어진다.

여기서 $\boldsymbol{R}_1^T\boldsymbol{R}_1$은 $\boldsymbol{X}^T\boldsymbol{X}$의 Cholesky 분해와 같다는 것은 쉽게 살필 수 있

다. $\hat{\boldsymbol{\beta}}$의 분산의 추정치에서 사용하는 $(\boldsymbol{X}^T\boldsymbol{X})^{-1}$은 $(\boldsymbol{R}_1^T\boldsymbol{R}_1)^{-1}$로 쉽게 구할 수 있다.

또한 Projection 행렬인

$$\begin{aligned} P_{\boldsymbol{X}} &= \boldsymbol{X}(\boldsymbol{X}^T\boldsymbol{X})^{-1}\boldsymbol{X}^T & (6.62) \\ &= \boldsymbol{Q}_1\boldsymbol{R}_1(\boldsymbol{R}^T\boldsymbol{Q}^T\boldsymbol{Q}\boldsymbol{R})^{-1}\boldsymbol{R}_1^T\boldsymbol{Q}_1^T & (6.63) \end{aligned}$$

이고 여기서

$$\boldsymbol{Q}^T\boldsymbol{Q} = \boldsymbol{I}$$

이므로

$$P_{\boldsymbol{X}} = \boldsymbol{Q}_1\boldsymbol{R}_1(\boldsymbol{R}^T\boldsymbol{R})^{-1}\boldsymbol{R}_1^T\boldsymbol{Q}_1^T \qquad (6.64)$$

이다. 또한

$$\boldsymbol{R}^T\boldsymbol{R} = \boldsymbol{R}_1^T\boldsymbol{R}_1 + \boldsymbol{0} + \boldsymbol{0} + \boldsymbol{0}$$

이므로

$$\begin{aligned} P_{\boldsymbol{X}} &= \boldsymbol{Q}_1\boldsymbol{R}_1(\boldsymbol{R}_1^T\boldsymbol{R}_1)^{-1}\boldsymbol{R}_1^T\boldsymbol{Q}_1^T & (6.65) \\ &= \boldsymbol{Q}_1\boldsymbol{R}_1\boldsymbol{R}_1^{-1}(\boldsymbol{R}_1^T)^{-1}\boldsymbol{R}_1^T\boldsymbol{Q}_1^T & (6.66) \\ &= \boldsymbol{Q}_1\boldsymbol{Q}_1^T & (6.67) \end{aligned}$$

이고 $(\boldsymbol{Q}^T\boldsymbol{y})_1 = \boldsymbol{Q}_1^T\boldsymbol{y}$는 QR 분해의 중간 과정에서 얻어졌으므로 오차항의 제곱합인 sum of squares residual (SSR)은

$$\boldsymbol{y}^T[\boldsymbol{I} - \boldsymbol{Q}_1\boldsymbol{Q}_1^T]\boldsymbol{y} = \boldsymbol{y}^T\boldsymbol{y} - \boldsymbol{y}^T\boldsymbol{Q}_1\boldsymbol{Q}_1^T\boldsymbol{y} \qquad (6.68)$$

로 간단하게 얻어진다. 회귀제곱합은 전체제곱합의 차로 얻을 수도 있고

$$\text{SSReg} = \boldsymbol{y}^T\left[\boldsymbol{P}_X - \frac{1}{n}\boldsymbol{J}\right]\boldsymbol{y} = \boldsymbol{y}^T\boldsymbol{Q}_1\boldsymbol{Q}_1^T\boldsymbol{y} - \frac{\bar{y}^2}{n} \qquad (6.69)$$

로 직접 계산할 수도 있다.

위에서 본 것처럼 회귀분석 문제에서 실질적으로 사용하는 것은 QR 분해에서 $\boldsymbol{Q}_1$과 $\boldsymbol{R}_1$이고 $\boldsymbol{Q}_2$는 사용하지 않음을 알 수 있다. 뿐만 아니라 컴퓨터에서 회귀분석 문제를 계산한다면 $\boldsymbol{X}$에 대한 QR 분해를 하면서 $\boldsymbol{X}$에 적용하는 $\boldsymbol{Q}^T$를 $\boldsymbol{y}$에 같이 적용하면 $\boldsymbol{X}$의 QR 분해 과정에서 부산물로

$$\boldsymbol{z} = (\boldsymbol{Q}^T\boldsymbol{y})_1 = \boldsymbol{Q}^T\boldsymbol{y} \tag{6.70}$$

의 값이 얻어진다. 이는 $\boldsymbol{X}$에 대한 QR 분해를 하기 위한 reflection이나 rotation 행렬을 얻을 때 $\boldsymbol{y}$의 왼쪽에도 같이 곱해주면 된다. 즉, 식 (6.61)의 값은 $\boldsymbol{Q}$나 $\boldsymbol{Q}_1$을 따로 구하여 $\boldsymbol{y}$의 왼쪽에 곱해서 얻는 것이 아니라 $\boldsymbol{X}$에 대한 QR 분해의 과정에서 부산물로 얻어지게 된다는 것이다.

다음의 간단한 자료를 가지고 회귀분석을 하는 것을 생각해보자.

x	1	2	3	4	5	6	7	8	9	10
y	10	22	29	38	51	63	70	80	89	99

$\boldsymbol{X}$는 $\mathbf{1} = (1, 1, \ldots, 1)^T$과 x의 값을 첫째와 둘째 열이 되는 행렬로 잡으면

$$\boldsymbol{R}_1 = \begin{bmatrix} -3.162278 & -17.392527 \\ 0.000000 & 9.082951 \end{bmatrix} \tag{6.71}$$

이고

$$\boldsymbol{Q}_1 = \begin{bmatrix} -.3162 & -.3162 & -.3162 & -.3162 & -.3162 & -.3162 \\ -.4954 & -.3853 & -.2752 & -.1651 & -.0550 & .0550 \end{bmatrix.$$

$$\begin{matrix} -.3162 & -.3162 & -.3162 & -.3162 \\ .1651 & .2752 & .3853 & .4954 \end{matrix}\Bigg]^T \tag{6.72}$$

이므로

$$\hat{\boldsymbol{\beta}} = \boldsymbol{R}_1^{-1}(\boldsymbol{Q}\boldsymbol{y})_1 = (0.6666667, 9.8969697)^T \tag{6.73}$$

를 얻고

$$SSR = \boldsymbol{y}^T[\boldsymbol{I} - \boldsymbol{Q}_1\boldsymbol{Q}_1^T]\boldsymbol{y} = 20.02424 \tag{6.74}$$

참고로 위의 자료에 대한 SAS 출력(일부)는 다음과 같다.

```
                         Sum of          Mean
Source          DF      Squares        Square       F Value
Model            1   8080.87576    8080.87576      3228.437
Error            8     20.02424       2.50303
C Total          9   8100.90000

                       Parameter Estimates
                    Parameter        Standard     T for H0:
 Variable   DF      Estimate            Error   Parameter=0
 INTERCEP    1      0.666667       1.08077787         0.617
 X           1      9.896970       0.17418313        56.819
```

연습문제

6.1 다음 행렬의 QR 분해를 Householder 방법을 이용하여 구하여라.

$$\boldsymbol{A} = \begin{bmatrix} 2 & -4 & 2 \\ 4 & -9 & 7 \\ 2 & 1 & 3 \end{bmatrix} \tag{6.75}$$

6.2 다음은 반응치 y와 설명변수 x_1과 x_2의 값이다.

x_1	1	2	3	5	5	7
x_2	1	3	3	4	4	5
y	2	4	5	8	8	9

회귀모형

$$y = \beta_0 + \beta_1 x_1 + \beta_2 x_2$$

의 최소제곱추정치를 QR 분해를 이용하여 구하여라.

6.3 (Singular value decomposition; SVD) 다음 두행렬 $\boldsymbol{U}$와 $\boldsymbol{V}$에 대해

$$\boldsymbol{U} = \begin{bmatrix} -0.3665220 & -0.20396492 & -0.9077775 \\ -0.9211979 & -0.05739861 & 0.3848373 \\ -0.1305985 & 0.97729407 & -0.1668542 \end{bmatrix} \tag{6.76}$$

$$\boldsymbol{V} = \begin{bmatrix} -0.3568640 & 0.3871518 & -0.850153820 \\ 0.7341837 & 0.6789501 & 0.001003374 \\ -0.5776005 & 0.6238110 & 0.526533452 \end{bmatrix} \tag{6.77}$$

(a) 이 두 행렬 $\boldsymbol{U}$와 $\boldsymbol{V}$는 직교행렬임을 보여라.

(b) 아래의 대각선 행렬 $\boldsymbol{D}$

$$\boldsymbol{D} = \begin{bmatrix} 13.11153 & 0 & 0 \\ 0 & 3.401931 & 0 \\ 0 & 0 & 0.7174162 \end{bmatrix} \tag{6.78}$$

와 $\boldsymbol{U}$, $\boldsymbol{V}$ 및 식 (6.75)에 준 행렬 $\boldsymbol{A}$에 대해

$$\boldsymbol{A} = \boldsymbol{U}\boldsymbol{D}\boldsymbol{V}^T \tag{6.79}$$

임을 보여라. 이와 같이 행렬 $\boldsymbol{A}$를 직교행렬 $\boldsymbol{U}$, $\boldsymbol{V}$와 대각선 행렬 $\boldsymbol{D}$의 곱 $\boldsymbol{U}\boldsymbol{D}\boldsymbol{V}^T$로 분해하는 것을 singular value decomposition이라고 한다. 일반적으로 $\boldsymbol{A}$가 $n \times p$ 차원이면 $(n \geq p)$ $\boldsymbol{U}$, $\boldsymbol{D}$, $\boldsymbol{V}$의 차원은 각각 $n \times p$, $p \times p$, $p \times p$ 이다.

(c) 회귀모형에서 관측치 행렬 $\boldsymbol{X}$의 singular value decomposition이 $\boldsymbol{X} = \boldsymbol{U}\boldsymbol{D}\boldsymbol{V}^T$라면 다음의 최소제곱추정치

$$(\boldsymbol{X}^T\boldsymbol{X})\hat{\boldsymbol{\beta}} = \boldsymbol{X}^T\boldsymbol{y} \tag{6.80}$$

의 계산은 어떻게 이루어지겠는가?

(d) 식 (6.75)의 $\boldsymbol{A}$에 대해 $\boldsymbol{A}^T\boldsymbol{A}$의 고유치를 구하여 보아라. 이 고유치의 제곱근과 $\boldsymbol{D}$의 내각선 원소들의 값과는 어떤 관계가 있는가?

6.4 다음 행렬을 Givens rotation을 이용하여 QR 분해하여 보아라.

$$\boldsymbol{A} = \begin{bmatrix} 480 & -768 & -424 \\ 640 & -24 & 768 \\ -600 & -640 & 480 \end{bmatrix} \tag{6.81}$$

제 7 장

고유치 문제

정방행렬 $\boldsymbol{A}$에 대해

$$\boldsymbol{A}\boldsymbol{x} = \lambda\boldsymbol{x} \tag{7.1}$$

가 되는 λ를 고유치(eigenvalue)라고 하고 λ에 대해 위의 식을 만족하는 $\boldsymbol{x}$를 고유벡터(eigenvector)라고 한다. ($\boldsymbol{x} \neq \boldsymbol{0}$) 여기서 증명은 하지 않지만 고유치는

$$\det(\boldsymbol{A} - \lambda\boldsymbol{I}) = 0 \tag{7.2}$$

의 해로 얻을 수 있다. det는 행렬식을 의미한다.

7.1. Power method

다음에 주어진 행렬

$$\boldsymbol{A} = \begin{bmatrix} 3 & 2 \\ 1 & 4 \end{bmatrix} \tag{7.3}$$

의 고유벡터를 계산하는 문제를 생각해 보자. 일반적인 $n \times n$ 행렬의 고유치들 중에서 그 크기가 가장 큰 것에 대응하는 고유벡터를 찾아보자.

표 7.1: 식 (7.4)의 반복

반복 (k)	x_1	x_2
0	1	0
1	3	1
2	11	7
3	47	39
4	219	203
5	1063	1031
6	5251	5187
7	26127	25999
8	130379	130123
9	651383	650871

먼저 예를 들어서 다음을 반복하는 것을 생각해 보자. 즉,

$$\boldsymbol{x}_{k+1} = \boldsymbol{A}\boldsymbol{x}_k \tag{7.4}$$

을 초기치 $\boldsymbol{x}_0 = (1,0)^T$부터 시작하여 식 (7.4)에서 주어진 방법을 반복하면 표 7.1에 주어진 것과 같은 결과를 얻는다. 식 (7.4)로 반복하는 것을 power method라고 한다. 식 (7.3)에 주어진 고유치와 그에 대응하는 (크기가 1인) 고유벡터는

$$\lambda_1 = 5,\ \boldsymbol{x}_1 = \frac{1}{\sqrt{2}}\begin{bmatrix} 1 \\ 1 \end{bmatrix} \text{ 이고 } \quad \lambda_2 = 2,\ \boldsymbol{x}_2 = \frac{1}{\sqrt{5}}\begin{bmatrix} 2 \\ -1 \end{bmatrix} \tag{7.5}$$

이므로 이 경우 가장 큰 고유치는 5이다.

표 7.1에서 얻은 $\boldsymbol{x}_k$의 값을 크기가 1이 되도록 바꾸면 그 결과로 얻어지는 값은 표 7.2에 정리하였다. 이 표에 있는 값을 관찰하면 $\boldsymbol{x}_k$는 특정한 값

$$\frac{1}{\sqrt{2}}\begin{bmatrix} 1 \\ 1 \end{bmatrix}$$

표 7.2: 표 7.1에서 크기를 1로 만든 결과

반복(k)	x_1	x_2
0	1	0.
1	0.948683	0.316228
2	0.843661	0.536876
3	0.769562	0.638573
4	0.733390	0.679809
5	0.717829	0.696220
6	0.711429	0.702758
7	0.708841	0.705368
8	0.707801	0.706412
9	0.707385	0.706829

으로 수렴함을 알 수 있는데, 이 벡터가 식 (7.5)에서 본 것처럼 절대값이 가장 큰 고유치에 대응하는 고유벡터이다.

이제 이 알고리즘이 어떻게 고유벡터로 수렴하는지 알아보자. $n \times n$ 행렬 $\boldsymbol{A}$의 고유치를

$$|\lambda_1| \geq |\lambda_2| \geq \cdots \geq |\lambda_n|$$

이라고 하자. 그러면 초기치 $\boldsymbol{x}_0$는 적당한 상수 $a_1, a_2, \ldots, a_n$에 대해

$$\boldsymbol{x}_0 = a_1\boldsymbol{e}_1 + a_2\boldsymbol{e}_2 + \cdots + a_n\boldsymbol{e}_n$$

으로 나타낼 수 있다. 여기서 $\boldsymbol{e}_i$는 $\boldsymbol{0}$이든지 λ_i에 대응하는 고유벡터이다. 따라서

$$\begin{aligned}\boldsymbol{x}_1 &= \boldsymbol{A}\boldsymbol{x}_0 = a_1\boldsymbol{A}\boldsymbol{e}_1 + a_2\boldsymbol{A}\boldsymbol{e}_2 + \cdots + a_n\boldsymbol{A}\boldsymbol{e}_n \\ &= a_1\lambda_1\boldsymbol{e}_1 + a_2\lambda_2\boldsymbol{e}_2 + \cdots + a_n\lambda_n\boldsymbol{e}_n \qquad (7.6)\end{aligned}$$

이고

$$\begin{aligned} \boldsymbol{x}_2 &= \boldsymbol{A}\boldsymbol{x}_1 = \boldsymbol{A}(a_1\lambda_1\boldsymbol{e}_1 + a_2\lambda_2\boldsymbol{e}_2 + \cdots + a_n\lambda_n\boldsymbol{e}_n) \\ &= a_1\lambda_1\boldsymbol{A}\boldsymbol{e}_1 + a_2\lambda_2\boldsymbol{A}\boldsymbol{e}_2 + \cdots + a_n\lambda_n\boldsymbol{A}\boldsymbol{e}_n \\ &= a_1\lambda_1^2\boldsymbol{e}_1 + a_2\lambda_2^2\boldsymbol{e}_2 + \cdots + a_n\lambda_n^2\boldsymbol{e}_n \end{aligned}$$

이다. 따라서 k번 반복하면

$$\boldsymbol{x}_k = a_1\lambda_1^k\boldsymbol{e}_1 + a_2\lambda_2^k\boldsymbol{e}_2 + \cdots + a_n\lambda_n^k\boldsymbol{e}_n$$

으로 얻어지며 양변을 λ_1^k로 나누면

$$\lambda_1^{-k}\boldsymbol{x}_k = a_1\boldsymbol{e}_1 + a_2\left(\frac{\lambda_2}{\lambda_1}\right)^k\boldsymbol{e}_2 + \cdots + a_n\left(\frac{\lambda_n}{\lambda_1}\right)^k\boldsymbol{e}_n$$

가 되고 λ_1의 크기가 가장 크기 때문에 위의 식은 $\boldsymbol{e}_1$으로 수렴한다. 따라서 power method의 수렴 속도는 λ_2/λ_1의 크기에 관계되며 이 값이 0에 가까울수록 빨리 수렴한다.

표 7.3: Raleigh 계수

반복(k)	x_1	x_2	Raleigh 계수
0	1	0	
1	3	1	3.00000
2	11	7	4.00000
3	47	39	4.64705
4	219	203	4.88203
5	1063	1031	4.95783
6	5251	5187	4.98402
7	26127	25999	4.99375
8	130379	130123	4.99752
9	651383	650871	4.99901

이제 고유치의 값이 가장 큰 (크기가) 고유벡터를 얻었으므로 그 고유

벡터에 대응하는 고유치를 찾는 방법을 생각해 보자. 고유벡터의 정의에 의해

$$\boldsymbol{A}\boldsymbol{x}_k \approx \lambda_1 \boldsymbol{x}_k \tag{7.7}$$

이고

$$\boldsymbol{A}\boldsymbol{x}_k = \lambda_1 \boldsymbol{x}_k = \boldsymbol{x}_{k+1} \tag{7.8}$$

라고 할 때 이식의 최소제곱 해는 (연습문제 7.5.)

$$\lambda_1 = \frac{\boldsymbol{x}_{k+1}^T \boldsymbol{x}_k}{\boldsymbol{x}_k^T \boldsymbol{x}_k} \tag{7.9}$$

이며 이는 Raleigh 계수라 불리며 이 값이 가장 큰 고유치가 된다. 표 7.1의 $\boldsymbol{x}$에 대응하는 Raleigh 계수는 표 7.3에 정리하였다.

크기가 가장 큰 고유치에 대해서 알아보았으므로 크기가 가장 작은 고유치와 그에 대응하는 고유벡터를 찾는 방법을 생각해 보자. 어떤 행렬 $\boldsymbol{A}$의 고유치가

$$|\lambda_1| \geq |\lambda_2| \geq \cdots \geq |\lambda_n|$$

이면 $\boldsymbol{A}^{-1}$의 고유치는

$$\left|\frac{1}{\lambda_1}\right| \leq \left|\frac{1}{\lambda_2}\right| \leq \cdots \leq \left|\frac{1}{\lambda_n}\right|$$

이기 때문에 $\boldsymbol{A}$의 역행렬에 power method를 적용시키면 $\boldsymbol{A}^{-1}$의 가장 큰 고유치인 $1/\lambda_n$을 얻을 수 있다. 따라서 가장 작은 고유치는 λ_n이 된다. 이와 같은 방법을 inverse power method라고 한다. 이제 식 (7.3)의 가장 작은 고유치를 계산하여 보자. 식 (7.3)의 역행렬은

$$\boldsymbol{A} = \frac{1}{10}\begin{bmatrix} 4 & -2 \\ -1 & 3 \end{bmatrix} \tag{7.10}$$

이므로 이를 초기치 $\boldsymbol{x}_0 = (1,0)^T$를 이용하여 power method를 적용하면

표 7.4와 같은 결과를 얻는다. 이 표에서 보는 것처럼 $\boldsymbol{A}^{-1}$의 가장 큰 고유

표 7.4: $\boldsymbol{A}^{-1}$의 가장 큰 고유치와 그에 대응하는 고유벡터

반복	x_1	x_2	$x_1/\|\|\boldsymbol{x}\|\|$	$x_2/\|\|\boldsymbol{x}\|\|$	Raleigh 비
1	0.400000	−0.100000	0.970142	−0.242536	0.400000
2	0.180000	−0.070000	0.932005	−0.362446	0.464706
3	0.086000	−0.039000	0.910729	−0.413005	0.488204
4	0.042200	−0.020300	0.901156	−0.433495	0.495783
5	0.020940	−0.010310	0.897152	−0.441721	0.498402
6	0.010438	−0.005187	0.895523	−0.445016	0.499376
7	0.005213	−0.002600	0.894866	−0.446334	0.499753
8	0.002605	−0.001301	0.894603	−0.446862	0.499901

치는 0.5이고 따라서 $\boldsymbol{A}$의 가장 작은 고유치 0.5의 역수인 2이다. 여기서

$$\begin{bmatrix} 0.894603 \\ -0.446862 \end{bmatrix} \approx \frac{1}{\sqrt{5}} \begin{bmatrix} 2 \\ -1 \end{bmatrix} \tag{7.11}$$

로 $\boldsymbol{A}$의 가장 작은 고유치에 대응하는 고유벡터임을 알 수 있다. 일반적으로

$$\boldsymbol{A}\boldsymbol{x} = \lambda\boldsymbol{x}$$

의 양변의 좌측에 $\boldsymbol{A}^{-1}$를 곱해주고 양변을 λ로 나누면

$$\lambda^{-1}\boldsymbol{x} = \boldsymbol{A}^{-1}\boldsymbol{x}$$

이기 때문에 $\boldsymbol{A}$의 고유벡터와 $\boldsymbol{A}^{-1}$의 고유벡터는 같다는 것을 알 수 있다.

Inverse power method 외에도 $\sigma \in \mathbb{R}$ 에 대해 행렬 $(\boldsymbol{A}-\sigma\boldsymbol{I})$에 대해 power method를 적용하는 shift power method와 행렬 $(\boldsymbol{A}-\sigma\boldsymbol{I})^{-1}$에 대해 power method를 적용하는 inverse shift power method가 있다. 이 경우 $(\boldsymbol{A}-\sigma\boldsymbol{I})$의

고유벡터와 $\boldsymbol{A}$의 고유벡터가

$$(\boldsymbol{A}-\sigma\boldsymbol{I})\boldsymbol{x}=\boldsymbol{A}\boldsymbol{x}-\sigma\boldsymbol{x}=(\lambda-\sigma)\boldsymbol{x}$$

인 관계가 있으므로 $\boldsymbol{A}$의 고유치 λ에 대응하는 고유벡터는 $(\boldsymbol{A}-\sigma\boldsymbol{I})$의 고유치 $\lambda-\sigma$에 대응하는 고유벡터와 같다는 것을 알 수 있다.

7.2. QR 방법

이 방법은 7.1절에서 본 방법과 다르게 모든 고유치를 한 번에 찾을 수 있는 방법으로 제 6장에서 본 행렬의 QR 분해를 이용한다. 행렬 $\boldsymbol{A}$의 QR분해를 생각하면 이 방법은

$$\boldsymbol{A}_k=\boldsymbol{Q}\boldsymbol{R},\qquad \boldsymbol{A}_{k+1}=\boldsymbol{R}\boldsymbol{Q} \tag{7.12}$$

을 반복한다. 즉 행렬

$$\boldsymbol{A}=\begin{bmatrix}3 & 2\\ 1 & 4\end{bmatrix} \tag{7.13}$$

의 QR 분해는

$$\boldsymbol{Q}=\begin{bmatrix}-0.94868 & -0.31623\\ -0.31623 & 0.94868\end{bmatrix},\ \boldsymbol{R}=\begin{bmatrix}-3.1623 & -3.1623\\ 0 & 3.1623\end{bmatrix} \tag{7.14}$$

이므로 $\boldsymbol{A}_1$은

$$\boldsymbol{A}_1=\boldsymbol{R}\boldsymbol{Q}=\begin{bmatrix}-3.1623 & -3.1623\\ 0 & 3.1623\end{bmatrix}\begin{bmatrix}-0.94868 & -0.31623\\ -0.31623 & 0.94868\end{bmatrix}$$

$$=\begin{bmatrix}4 & -2\\ -1 & 3\end{bmatrix} \tag{7.15}$$

이다. 이제 $\boldsymbol{A}_1$을 QR 분해하면

$$\boldsymbol{Q} = \begin{bmatrix} -0.97014 & 0.24254 \\ 0.24254 & 0.97014 \end{bmatrix} \quad \boldsymbol{R} = \begin{bmatrix} -4.123106 & 2.667892 \\ 0 & 2.425356 \end{bmatrix} \tag{7.16}$$

이고 따라서

$$\boldsymbol{A}_2 = \boldsymbol{RQ} = \begin{bmatrix} 4.64706 & 1.5882 \\ 0.58824 & 2.3529 \end{bmatrix} \tag{7.17}$$

이다. 이제 $\boldsymbol{A}_2$를 QR 분해하면

$$\boldsymbol{Q} = \begin{bmatrix} -0.99208 & -0.12558 \\ -0.12558 & 0.99208 \end{bmatrix} \quad \boldsymbol{R} = \begin{bmatrix} -4.6841 & -1.8711 \\ 0 & 2.1349 \end{bmatrix} \tag{7.18}$$

이다. 따라서

$$\boldsymbol{A}_3 = \boldsymbol{RQ} = \begin{bmatrix} 4.88204 & -1.2681 \\ -0.26810 & 2.1180 \end{bmatrix} \tag{7.19}$$

이다. 또 한 번 더 $\boldsymbol{A}_3$를 QR 분해하면

$$\boldsymbol{Q} = \begin{bmatrix} -0.998496 & 0.054832 \\ 0.054832 & 0.998496 \end{bmatrix}, \quad \boldsymbol{R} = \begin{bmatrix} -4.8894 & 1.3823 \\ 0 & 2.0452 \end{bmatrix} \tag{7.20}$$

이고 따라서 $\boldsymbol{A}_4$는

$$\boldsymbol{A}_4 = \boldsymbol{RQ} = \begin{bmatrix} 4.95783 & 1.1121 \\ 0.11215 & 2.0422 \end{bmatrix} \tag{7.21}$$

가 된다. 또 한 번 더 $\boldsymbol{A}_4$를 QR 분해하면

$$\boldsymbol{Q} = \begin{bmatrix} -0.999744 & -0.022614 \\ -0.022614 & 0.999744 \end{bmatrix}, \quad \boldsymbol{R} = \begin{bmatrix} -4.9591 & -1.1580 \\ 0 & 2.01650 \end{bmatrix} \tag{7.22}$$

이고 따라서 $\boldsymbol{A}_5$는

$$\boldsymbol{A}_5 = \boldsymbol{RQ} = \begin{bmatrix} 4.984021 & -1.0456 \\ -0.045601 & 2.0160 \end{bmatrix} \tag{7.23}$$

가 된다.

이렇게 계속 반복하면 $\boldsymbol{A}_k$의 대각선 원소는 $\boldsymbol{A}$의 고유치로 수렴하게 되고 $\boldsymbol{A}_k$는 상대각(upper diagonal) 행렬이 된다. QR 방법이 수렴하는 것에 대한 증명은 Wilkinson(1965) 등에서 찾아볼 수 있다.

임의의 행렬에 대해서 이 방법을 사용하여 고유치를 계산하는 것은 QR 분해가 $n \times n$ 행렬에서 n^3에 비례하는 계산이 필요하므로 계산이 많이 필요하다.

연습문제

7.1 행렬

$$\boldsymbol{A} = \begin{bmatrix} 2 & 1 \\ 3 & 4 \end{bmatrix} \tag{7.24}$$

의 고유치와 고유벡터를

(a) Power method를 이용하여 구하여라.

(b) QR 방법으로 구하여 보아라.

이 결과가 연습문제 1.5의 결과와 같은지 비교하여라.

7.2 행렬

$$\boldsymbol{B} = \begin{bmatrix} 4 & -2 \\ -1 & 3 \end{bmatrix} \tag{7.25}$$

으로

$$\boldsymbol{x}_{k+1} = \boldsymbol{B}\boldsymbol{x}_k \tag{7.26}$$

를 반복하여 보아라. $\boldsymbol{x}_k$는 어디로 수렴하는가? 그 이유를 설명하여 보아라. 참고로 $\boldsymbol{B}$는 식 (7.3)에서 $\boldsymbol{A}$의 역행렬이다.

7.3 행렬 $\boldsymbol{A}$가 다음과 같을 때

$$\boldsymbol{A} = \begin{bmatrix} 1.0 & 0.5 & 0.5 \\ 0.5 & 1.0 & 0.5 \\ 0.5 & 0.5 & 1.0 \end{bmatrix} \tag{7.27}$$

고유치 ($\lambda_1 \geq \lambda_2 \geq \lambda_3$)와 고유벡터를 구하여 보아라. 이 때 세 개의 고유치 중 두 개는 같은 값임에 유의하여라. 이 행렬이 양정치 행렬임을 고유치를 이용하여 설명하여라. 행렬의 고유벡터 $\boldsymbol{x}_1$, $\boldsymbol{x}_2$, $\boldsymbol{x}_3$를 서로 직교하게 잡아 보아라. 이제

$$\boldsymbol{Q} = [\boldsymbol{x}_1 \vdots \boldsymbol{x}_2 \vdots \boldsymbol{x}_3]$$

라 하면

$$\boldsymbol{Q}^T\boldsymbol{A}\boldsymbol{Q} = \begin{bmatrix} \lambda_1 & 0 & 0 \\ 0 & \lambda_2 & 0 \\ 0 & 0 & \lambda_3 \end{bmatrix} \tag{7.28}$$

임을 보여라. 일반적으로 정방행렬이 $\boldsymbol{A}$의 고유벡터 행렬과 고유치의 대각선 행렬을 각각 $\boldsymbol{Q}$, $\boldsymbol{\Lambda}$라고 하면 $\boldsymbol{A} = \boldsymbol{Q}\boldsymbol{\Lambda}\boldsymbol{Q}^T$로 분해될 수 있으며 이와 같은 행렬의 분해를 스펙트럴 분해(spectral decomposition)라고 한다.

7.4 연습문제 7.3에서 행렬 $\boldsymbol{Q}$의 고유벡터를 $\boldsymbol{u}_i$라고 할 때

$$\boldsymbol{Q} = \sum_{i=1}^{n} \lambda_i \boldsymbol{u}_i \boldsymbol{u}_i^T \tag{7.29}$$

임을 보여라. (연습문제 1.11 참조.)

7.5 식 (7.8)의

$$\lambda_1 \boldsymbol{x}_k = \boldsymbol{x}_{k+1} \tag{7.30}$$

의 최소제곱해가 식 (7.9)에 주어진

$$\lambda_1 = \frac{\boldsymbol{x}_{k+1}^T \boldsymbol{x}_k}{\boldsymbol{x}_k^T \boldsymbol{x}_k} \tag{7.31}$$

임을 보여라.

제 8 장

난수

이 장에서는 통계학에서 자주 사용하는 확률변수들을 생성하는 방법에 대해 알아보자.

8.1. 일양분포

가장 간단하고 쉽게 만들수 있는 방법으로 Congruential generator가 있다. 이 방법은 나머지를 취하는 방법으로

$$X_{i+1} = (aX_i + c)(\text{mod } m) \; i = 1, 2, \ldots, n \tag{8.1}$$

을 이용한다. 여기서 a와 c는 음이 아닌 정수이며 mod는 m으로 나누어서 생기는 나머지를 말한다. 초기치 X_0에서 시작하여 (보통 이를 *seed*라고 한다.) 생기는 숫자는 0부터 $(m-1)$ 사이이며 따라서

$$U_i = \frac{X_i}{m}$$

은 0부터 1 사이의 값을 갖는다. 위의 알고리즘으로부터 얻어지는 숫자는 최대로 m인 주기를 가지고 반복하여 같은 수가 만들어진다. 이 때 주기를 최대 m으로 하고 싶으면

1. c와 m은 서로소에 가까와야 한다. 즉 공약수가 없어야 한다.

2. m의 모든 prime factor g에 대해 $a \equiv 1 \pmod g$ 이다.

3. m이 4의 배수인 경우 $a \equiv 1 \pmod 4$이다.

이진수로 계산하는 컴퓨터에서는 β는 한 단어의 길이라 할 때 m을 2^β로 두는 것이 주기를 최대한 크게 할 수 있는 방법이다. 이렇게 m을 잡으면 c는 홀수이면 된다.

$$a = 1(\text{mod } 4)$$

이므로

$$a = 2^4 + 1$$

로 잡을 수 있다.

8.1.1. Multiplicative generator

이 방법은

$$X_{i+1} = aX_i(\text{mod } m) \; i = 1, 2, \ldots, n \tag{8.2}$$

으로 난수를 생성하는 방법으로 congruential generator에서 $c = 0$라고 둔 특별한 경우에 해당한다. Rubinstein (1969)에 의하면 $m = 2^\beta$로 할 때

1. 초기치 X_0로는 홀수를 선택한다.

2. $a = 8r \pm 3$을 선택한다. 여기서 r은 양의 정수이다. 이 때 a의 값은 $2^{\beta/2}$에 가깝도록 선택한다.

3. X_1을 계산한다. 이 계산 결과 X_1은 2β bit로 이루어지는데 여기서 위의 β 자리수는 버린다.

4. $U_1 = X_1/2^\beta$를 계산한다.

로 계산한다.

8.1.2. Additive congruential generator

또 다른 형태의 난수 방법은

$$X_{i+1} = X_i + X_{i-k} (\mathrm{mod}\ m) \tag{8.3}$$

만일 k가 1이면 Fibonacci 수열이 되어서 일반항을 생각하면 앞에서 본 multiplicative congruential method에서 $a = (1+\sqrt{5})/2$로 한 것과 같다. Fibonacci 수열인 경우에는 만족스러운 결과를 얻지 못하는 것이 알려져 있지만 k가 증가함에 따라 성질이 좋아진다.

끝으로 IBM 360에서 사용하는 난수 발생기를 소개한다. 초기치 X_0를 음이 아닌 정수로 하여

$$X_{n+1} = 7^5 X_n (\mathrm{mod}\ 2^{31}-1) = 16807 X_n (\mathrm{mod}\ 2^{31}-1) \tag{8.4}$$

로 계산하여 $U_n = X_n/(2^{31}-1)$로 잡는다.

8.1.3. Shift Register 방법

Shift register 방법이란 이전의 d개의 비트들에 의해서 다음 비트를 만들어 내는 방법을 말한다. 즉 함수 $f : \{0,1\}^d \to \{0,1\}$에 대해

$$b_i = f(b_{i-1}, b_{i-2}, \ldots, b_{i-d}) \tag{8.5}$$

으로 d개의 값 $b_{i-1}, b_{i-2}, \ldots, b_{i-d}$에서 다음값을 만들어내는 방법을 말한다. 보통 변환 함수 f로

$$b_i = a_1 b_{i-1} + a_2 b_{i-2} + \cdots + a_d b_{i-d} \bmod 2 \tag{8.6}$$

모양을 이용한다.

b_{i-5}	b_{i-4}	b_{i-3}	b_{i-2}	b_{i-1}	b_i
1	0	1	0	1	0
0	1	0	1	0	0
1	0	1	0	0	1
0	1	0	0	1	0
1	0	0	1	0	0
0	0	1	0	0	1
0	1	0	0	1	1
1	0	0	1	1	0
0	0	1	1	0	1
0	1	1	0	1	1
1	1	0	1	1	1
1	0	1	1	1	1
0	1	1	1	1	0
1	1	1	1	0	1
1	1	1	0	1	0
			⋮		

그림 8.1: Shift register에 의한 비트 생성

예를 들어 초기치로 $(10101)_2$를 사용하고 $a_1 = a_3 = 1$, $a_2 = a_4 = a_5 = 0$일 경우 식 (8.6)을 적용하여 다싯 개의 비트만 살펴 보면 다음 비트는

$$1 \cdot 1 + 0 \cdot 0 + 1 \cdot 1 + 0 \cdot 0 + 0 \cdot 1 \pmod 2 = 0$$

이고 따라서 다음 다섯 개의 비트는 표의 둘째 줄과 같이 01010이 얻어 진다. 그림은 이렇게 반복한 과정의 몇 단계를 보였다. 표 8.1에서 보는 것과 같이 b_i를 만들어서 난수로 $0 < M < L$인 M과 L에 대해

$$U_i = 0.b_{iL}b_{iL+1} \cdots b_{iL+M} \tag{8.7}$$

을 취한다. 보통 식 (8.6)에서 a_i의 값은 0 또는 1이므로 a_i들 중에 0이 아닌 k개의 값의 첨자를 $j_1, j_2, \ldots, j_k$라고 하면 식 (8.6)은

$$b_i = b_{i-j_1} \text{ EOR } b_{i-j_2} b_{i-j_3} \cdots b_{i-j_k} \tag{8.8}$$

로 다시 쓸 수 있다. 여기서 EOR은 Exclusive OR[1]인데 AND나 OR처럼 컴퓨터에서 자주 사용하는 논리 연산자이다.

식 (8.6)에 주어진 방법으로 b_i를 만들면 b_i는 $(b_{i-1}, b_{i-2}, \ldots, b_{i-d})$에 의해 결정되고 b_i가 가질 수 있는 값의 종류는 최대 2^d이다. 따라서 이 알고리즘의 최대 주기는 $2^d - 1$이다.

이제 shift register 방법으로 난수를 만드는 것에 대해 생각해 보자. Tausworthe (1965)가 제안한 방법으로

$$U_i = \sum_{s=1}^{L} \frac{b_{it+s}}{2^s} = 0.b_{it+1} b_{it+2} \cdots b_{it+L} \tag{8.9}$$

을 사용하는 것이다. 이 방법은 L자리수의 난수로 t 자리수 만큼 떨어진 이진수를 선택하는 것이다. 표 8.1에 의해 생성된 비트를 연속으로 써 보면

$$101010010011011111010\cdots$$

이고 식 (8.9)를 $t = L = 5$인 경우로 적용하면 난수는

$$(10101)_2 = 21, (00100)_2 = 4, (11011)_2 = 27, (11010)_2 = 26$$

[1]Exclusive OR의 진리값은

	0	1
0	0	1
1	1	0

이므로 합의 2로 나눈 나머지와 같음, 또는 이진수의 합의 결과임을 알 수 있다.

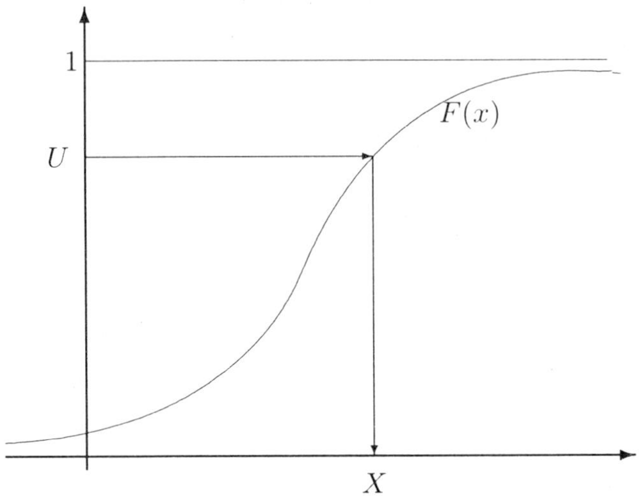

그림 8.2: 역분포함수법

가 되며 최대 주기는 31이다. 이렇게 만들어진 난수는 Tausworthe 난수라고도 한다.

8.2. 역분포함수 방법

연습문제 8.1에서 보는 것과 같이 연속인 확률변수의 분포함수가 연속인 일양분포를 따른다는 사실을 이용하는 방법을 역분포함수(inverse cdf) 방법이라고 부른다. 이 방법은 어떤 분포함수 F에서의 확률변수를 만들기 위해서 일양분포 $U(0,1)$을 따르는 난수 U를 만든 다음

$$X = F^{-1}(U) \tag{8.10}$$

를 만드는 방법이다. (그림 8.2 참조.) 이 과정을 요약하면

1. $U \sim U(0,1)$을 생성한다.

2. $X = F^{-1}(U)$를 분포함수 F로부터의 확률변수로 취한다.

와 같이 난수를 얻을 수 있다.

이와 같은 방법으로 만든 X의 분포함수는

$$\begin{aligned} P[F^{-1}(U) \leq x] &= \Pr[U \leq F(x)] && (8.11) \\ &= \int_0^{F(x)} du && (8.12) \\ &= F(x) && (8.13) \end{aligned}$$

가 되어서 $F^{-1}(U)$로 만들어지는 난수의 분포함수는 F가 된다. 여기서 F의 값이 상수함수가 되는 부분이 있을 수 있는데 이 경우는 걱정할 필요가 없는 것이 그 값이 나올 확률이 0이다.

보기 8.1. F_X로부터의 확률변수 $X_1, X_2, \ldots, X_n$의 순서 통계량을 $Y_1, Y_2, \ldots, Y_n$이라고 할 때 Y_1과 Y_n의 난수를 만드는 방법을 생각해 보면

$$F_{Y_1} = 1 - [1 - F_X(y)]^n$$

이고

$$F_{Y_n} = [F_X(y)]^n$$

이므로

$$Y_1 = F_X^{-1}(1 - U^{1/n})$$

와

$$Y_n = F_X^{-1}(U^{1/n})$$

로 구해진다. 만일 $X_i (i = 1, 2, \ldots, n)$가 $U(0,1)$을 따르면 $(1-U)$도 $U(0,1)$을 따르므로

$$Y_1 = 1 - U^{1/n} \quad \text{이고 } Y_n = U^{1/n}$$

이 된다.

보기 8.2. $C_i \geq 0$ 이고 $a = x_0 < x_1 < \cdots < x_n = b$ 일 때 다음에 주어진 분

포를 갖는 확률변수를 만들어라.

$$f_X(x) = \begin{cases} C_i & x_{i-1} \le x \le x_i; i = 1, 2, \ldots n \\ 0 & \text{그 외의 경우} \end{cases} \tag{8.14}$$

$P_i = \int_{x_{i-1}}^{x_i} f_X(x)dx \ (i = 1, 2, \ldots, n)$라고 두고 $F_i = \sum_{j=1}^{i-1} P_j$, $F_0 \equiv 0$라 하면

$$F_X(x) = \sum_{j=1}^{i-1} P_j + \int_{x_{i-1}}^{x} C_i dx = F_{i-1} + C_i(x - x_{i-1})$$

이 된다. 여기서 $i = \max_j\{j : x_{j-1} \le x\}$ 이다. 따라서 위의 식을 $F_X(x) = U$라 하고 X에 대해 풀면

$$X = x_{i-1} + \frac{U - F_{i-1}}{C_i}, \quad F_{i-1} \le U < F_i$$

가 된다. 요약하면

1. $U(0, 1)$을 따르는 U를 만든다.

2. 다음을 만족히는 i를 찾는다.

$$\sum_{j=1}^{i-1} P_j < U \le \sum_{j=1}^{i} P_j \quad i = 1, 2, \ldots, n.$$

3.
$$X \leftarrow x_{i-1} + \frac{U - \sum_{j=1}^{i-1} P_j}{C_i}$$

8.3. 변환법

먼저 예를 하나 보자. 만일 U가 일양분포 $U(0, 1)$을 따르면 $\beta > 0$인 β에 대해 $X = -1/\beta \log(U)$ 라고 할 때 X의 범위는 양의 실수가 되고 X의 분포는 확률밀도함수

$$f_x(x) = 1 \cdot | - \beta e^{-\beta x}|$$

를 갖는다. 따라서 이와 같은 사실에 비추어 기대값이 $1/\beta$인 지수분포를 갖는 확률변수 X를 생성하려면

1. 일양분포 $U(0,1)$에서 U를 갖는다.

2. $X = -1/\beta \log(U)$를 계산한다.

이와 같이 어떤 확률변수의 함수변환으로 원하는 확률변수를 얻을 때 이 방법을 변환법(transformation method)이라고 한다. 즉, 확률밀도함수 $f_X(x)$를 갖는 난수 X를 만들기 위해 어떤 확률밀도함수 $g_Y(y)$를 갖는 난수 Y와 $h(y)$의 확률밀도함수가 $f_X(x)$가 되는 h를 찾아서 $X = h(Y)$를 원하는 난수로 취하는 방법이 **변환법**이다.

8.4. 합성법

이 방법은 난수를 생성하고자 하는 확률변수의 분포가 두개 이상의 분포함수의 가중평균으로 나타내질 수 있을 때 사용한다. 예를 들어 확률밀도함수가

$$f_X(x) = \frac{5}{12}[1 + (x-1)^4] \quad 0 \le x \le 2 \tag{8.15}$$

이면

$$f_X(x) = \frac{5}{6}f_1(x) + \frac{1}{6}f_2(x) \quad 0 \le x \le 2 \tag{8.16}$$

로 나타낼 수 있는데 이 때

$$f_1(x) = \frac{1}{2},\ 0 \le x \le 2 \quad f_2(x) = \frac{5}{2}(x-1)^4 \ 0 \le x \le 2$$

으로 f_1과 f_2는 둘 다 확률밀도함수이다. 따라서 일양분포 $U(0,1)$을 따르는 U_1과 U_2를 얻어서

$$X = \begin{cases} 2U_2 & U_1 \le 5/6\text{일때} \\ 1 + \sqrt[5]{2U_2 - 1} & U_1 \ge 5/6\text{일때} \end{cases} \tag{8.17}$$

로 얻어질 수 있다.

또 다른 예로 (Butler(1956))

$$f_X(x) = n\int_1^{\infty} y^{-n}e^{-xy}dy, \quad x > 0 \tag{8.18}$$

에서의 난수 X를 생성하는 것을 생각해 보자. 먼저 식 (8.18)에서 적분을 없앤 부분이 X와 Y의 결합 확률밀도함수

$$f_{X,Y}(x,y) = ny^{-(n+1)} \cdot ye^{-xy}, \quad x > 0, \quad y \geq 1 \tag{8.19}$$

이므로 Y의 한계 밀도함수를

$$f_Y(y) = \frac{n}{y^{n+1}}, \quad y \geq 1$$

라 하면 $Y = y$일 때 X의 확률밀도함수는

$$g(x|y) = ye^{-yx}, \quad x > 0$$

이 된다. 따라서 X를 생성하기 위해서 다음 알고리즘을 따른다.

1. 일양분포 $U(0,1)$을 갖는 U_1과 U_2를 얻는다.
2. $Y \leftarrow U_1^{-1/n}$을 얻는다.
3. $X \leftarrow -(1/Y)\log(U_2)$를 얻는다.

8.5. Acceptance-Rejection 방법

확률밀도함수 $f_X(x)$를 따르는 난수 X를 만드는 이 방법은 von Neumann (1951)에 의한 방법이다. 채택기각법이라고도 불리는 이 방법을 사용하기 위해서는 $C \geq 1$ 이고 $h(x)$가 임의의 (난수를 발생시키기 쉬운) 확률밀도함

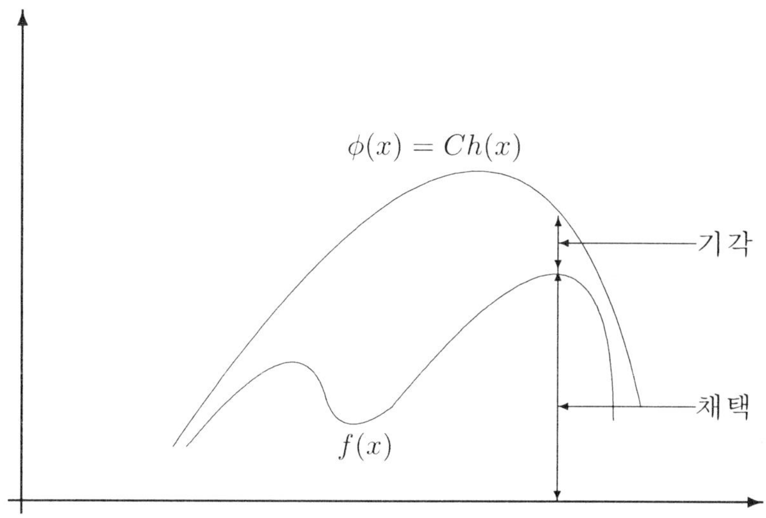

그림 8.3: Acceptance Rejection 방법

수일 때 $f_X(x)$를 다음과 같이

$$f_X(x) = Ch(x)g(x) \tag{8.20}$$

로 분해한다. 이 때 C와 $h(x)$의 조건에 의해 $0 < g(x) \leq 1$ (a.e.)이다. 이 방법은 먼저 $f_X(x)$에서 직접 난수를 생성하기 어려울 때 $f_X(x)$보다 더 큰 함수 $\phi(x)$를 찾는다. (즉, $f_X(x) \leq \phi(x)$ a.e.) 이 때 $\phi(x)$는 확률밀도함수가 될 수 없으므로 $Ch(x) = \phi(x)$이고 $h(x)$가 확률밀도함수인 $h(x)$에서 난수를 생성한다. 이 난수 중 그림 8.3의 "채택"인 부분만 취하고 "기각"인 부분은 버린다. 그림 8.3 중 "채택"인 부분만 취하는 방법을 랜덤하게 하기 위해 $U(0,1)$에서의 난수와 $f_X(x)/\phi(x) = g(x)$의 크기를 비교하는 방법을 택한다. 따라서 이 방법의 효율은 $\phi(x) = Ch(x)$를 얼마나 $f_X(x)$와 근사하게 잡느냐에 달려 있다.

위의 방법을 정리하면 다음과 같다.

1. U와 Y를 각각 $U(0,1)$과 $h(y)$로부터 만든다.

2. 만일 $U \le g(Y)$이면 Y를 f_X에서의 난수 X라 한다.

3. 만일 $U \ge g(Y)$이면 U와 Y를 버리고 처음부터 다시 시작한다.

이 알고리즘으로 만든 X는 다음 정리에 의해 $f_X(x)$를 확률밀도함수로 갖는 것을 알 수 있다.

정리 8.1. X를 식 (8.20)과 같이 분해되는 $f_X(x)$에서의 확률변수라 하자. U와 Y를 각각 $U(0,1)$과 $h(y)$를 따르는 확률변수라 하면

$$f_Y(x|U \le g(Y)) = f_X(x) \tag{8.21}$$

이다.

증명:

$$\begin{aligned} f_Y(x|U \le g(Y)) &= \lim_{\Delta x \downarrow 0} \frac{\Pr[x \le Y < x + \Delta x | U \le g(Y)]}{\Delta x} \\ &= \lim_{\Delta x \downarrow 0} \frac{\Pr[U \le g(Y) | x \le Y < x + \Delta x] h(x) \Delta x}{\Pr[U \le g(Y)] \Delta x} \\ &= \frac{\Pr[U \le g(Y) | Y = x] h(x)}{\Pr[U \le g(Y)]} \end{aligned} \tag{8.22}$$

이고 이 식의 분자는

$$\Pr[U \le g(Y)|Y = x]h(x) = \Pr[U \le g(x)]h(x) = g(x)h(x)$$

이다. 분모는 U와 Y가 독립이므로

$$\begin{aligned} \Pr[U \le g(Y)] &= \int_{-\infty}^{\infty} \int_0^{g(y)} 1 \cdot h(y) du dy \\ &= \int_{-\infty}^{\infty} g(y)h(y)dy = \int \frac{f_X(y)}{C} dx = \frac{1}{C} \end{aligned}$$

이므로 위의 두 결과를 식 (8.22)에 대입하면

$$f_Y(x|U \le g(Y)) = Cg(x)h(x) = f_X(x)$$

를 얻는다. ■

위에서 보는 것과 같이 이 알고리즘의 효율은 $\Pr[U \le g(Y)] = 1/C$로 정해지므로 h를 선택하는데는 다음 두 가지가 주된 고려 사항이다.

1. $h(x)$로부터 난수를 만들기 쉬워야 한다.
2. 효율을 고려할 때 C의 값은 1에 가까워야 한다.

위의 조건을 만족하는 h는 수없이 많은데 von Neumann이 사용한 간단한 방법을 알아보자. 먼저 C의 선택은 $\phi(x) = Ch(x) \ge f_X(x)$가 되도록 잡는다. 특별한 경우의 $\phi(x)$로 $f_X(x) \le M$이 되는 상수 M을 잡을 수 있으면 $\phi(x) = M$이라 하자. X가 취하는 값의 범위가 (a, b)일 때

$$h(x) = \frac{1}{b-a} \tag{8.23}$$

라 하면

$$C = M(b-a) \tag{8.24}$$

이고

$$g(x) = \frac{f_X(x)}{M} \quad a \le x \le b \tag{8.25}$$

이다. 따라서 von Neumann의 알고리즘은

알고리즘 8.1.

1. 먼저 독립인 U_1과 U_2를 $U(0,1)$으로부터 생성한다.
2. $Y \leftarrow a + U_2(b-a)$

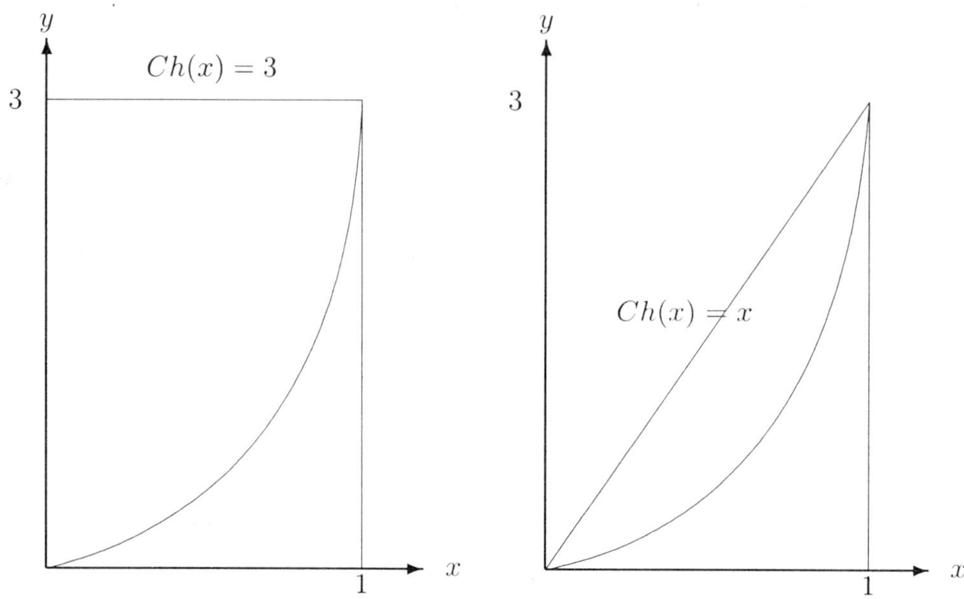

(A) 보기 8.3. (B) 보기 8.4.

그림 8.4: 채택 기각법의 두 가지 경우

3. 만일
$$U_1 \leq g(Y) = \frac{f_X(Y)}{M} = \frac{f_X(a + U_2(b-a))}{M} \tag{8.26}$$
이면 Y를 X라 한다.

4. 아니면 U_1과 U_2를 버리고 처음으로 돌아간다.

Von Neumann이 처음으로 사용한 이 알고리즘은 X의 범위가 무한을 포함할 때는 바로 적용할 수 없다. 따라서 X가 취할 수 있는 값의 범위가 무한을 포함하는 경우는 $h(x)$를 좀더 신중하게 잡아야 한다.

보기 8.3. $f_X(x) = 3x^2 I_{[0 \leq x \leq 1]}$으로부터의 확률 변수를 위의 알고리즘을 적용하여 생성하려면 $M = 3$, $a = 0$ 및 $b = 1$로 잡아서

1. 독립인 U_1과 U_2를 $U(0, 1)$에서부터 얻는다.

2. 만일 $U_1 \le U_2^2$ 이면 U_2를 X로 하고

3. 아니면 U_1과 U_2를 버리고 처음으로 돌아간다.

위의 예는 $C = 3$, $g(x) = x^2$, $h(x) = 1$인 채택 기각법이다. 이 경우의 효율은 $1/C = 1/3$이다.

보기 8.4. 위의 보기에서 $\phi(x) = Ch(x)$를 $3x$로 잡으면 $C = 3/2$, $h(x) = 2x$가 되어서 효율이 두배로 높아진다. 즉,

1. 독립인 U_1과 U_2를 $U(0,1)$에서부터 얻는다.

2. Y를 $h(x) = 2x$로부터 만든다. 이는 $Y = \sqrt{U_2}$로 만들 수 있다. (역분포함수법)

3. 만일 $U_1 \le \sqrt{U_2}$ 이면 $Y = \sqrt{U_2}$를 X로 하고

4. 아니면 U_1과 U_2를 버리고 처음으로 돌아간다.

위의 두 보기를 그림으로 정리한 결과가 그림 8.4인데 이 그림의 (A)는 보기 8.3과 같이 von Neuman 방법을 바로 적용한 경우이고 (B)는 보기 8.4에서 적용한 방법이다.

좀더 복잡한 예를 살펴 보면

보기 8.5. 다음 확률밀도함수를

$$f_X(x) = \frac{1}{\Gamma(\alpha)} x^{\alpha-1} e^{-x}, \quad 0 < \alpha < 1 \quad x \ge 0 \tag{8.27}$$

갖는 확률변수 X를 만들어보자. 먼저

$$x^{\alpha-1} e^{-x} \le \begin{cases} x^{\alpha-1} & 0 \le x \le 1 \\ e^{-x} & x \ge 1 \end{cases} \tag{8.28}$$

이므로

$$f_X(x) = \frac{x^{\alpha-1}e^{-x}}{\Gamma(\alpha)} \leq \phi(x) = Ch(x) = \begin{cases} \dfrac{x^{\alpha-1}}{\Gamma(\alpha)} & 0 \leq x \leq 1 \\ \dfrac{e^{-x}}{\Gamma(\alpha)} & x \geq 1 \end{cases} \tag{8.29}$$

여기서

$$h(x) = \begin{cases} \dfrac{x^{\alpha-1}}{1/\alpha + 1/e} & 0 \leq x \leq 1 \\ \dfrac{e^{-x}}{1/\alpha + 1/e} & x \geq 1 \end{cases} \tag{8.30}$$

이고

$$C = \frac{1}{\Gamma(\alpha)}(\frac{1}{\alpha} + \frac{1}{e})$$

이고

$$g(x) = \begin{cases} x^{\alpha-1} & x \geq 1 \\ e^{-x} & 0 \leq x \leq 1 \end{cases} \tag{8.31}$$

이다. 따라서

1. U를 $U(0,1)$으로부터 생성한다.
2. Y를 식 (8.30)에서 주어진 확률밀도함수로부터 생성한다.
3. 만일

   $$U \leq \begin{cases} Y^{\alpha-1} & Y \geq 1 \\ e^{-Y} & 0 \leq Y \leq 1 \end{cases} \tag{8.32}$$

   이면 Y를 $f_X(x)$에서의 확률변수로 하고
4. 아니면 처음으로 돌아간다.

로 X를 생성한다.

$h(x)$가 값이 정해지지 않은 상수 β의 함수로 알려져 있다면, 즉, $h(x) = h(x, \beta)$이면 C를 최소화하는 β는

$$\arg_\beta \min_\beta \max_x \frac{f_X(x)}{h(x,\beta)} \tag{8.33}$$

로 정해진다는 것이 알려져 있다. (Mikailov(1974), Tocher(1963))

8.6. Adaptive Rejection Sampling (ARS) 방법

이 방법은 8.5절의 채택기각법의 기각률을 낮추어 줄 수 있는 방법으로 확률밀도함수 $f(\cdot)$가 log-concave일 때 사용할 수 있는 방법이다. 함수 $f(\boldsymbol{x})$가 log-concave하다는 것은

$$\frac{d^2 \log f(\boldsymbol{x})}{d\boldsymbol{x} d\boldsymbol{x}^T} \leq 0 \tag{8.34}$$

임을 말한다.[2] ARS 방법은 먼저 $\log(f(x))$보다 큰 함수를 잡은 다음에 8.5절에서 한 방법으로 한 난수를 발생시킨 다음, 다음 난수를 발생시킬 때는 방금 만든 이 난수를 이용하여 envelope 함수 $g(x)$를 새로 만든다. Envelope 함수를 만드는 방법은 몇 가지가 있는데 여기는 접선을 이용한 방법을 보기로 하자. 이 방법은 $f(x)$에서 난수를 하나씩 만들 때마다. 그 점에서의 접선을 구하여 그 접선들로 envelope함수 $g(x)$를 구성하는 것이다(그림 8.5 참조). 이 그림에서 보는 것처럼 $f(x)$가 log-concave 하지 않으면 이 방법으로 만든 접선들은 envelope 함수가 되지 않는다. 이 과정을 요약해 보면 다음과 같다.

1. x 축에서 몇 개의 점을 잡아서 $g(x)$를 구성한다. $(g(x) \geq f(x))$

2. Y를 $g(x)$에서 잡는다.

3. $U \sim U(0, 1)$ 을 잡는다.

[2] 만일 이 값이 행렬인 경우에는 반음정치(negative semi definite)를 말한다.

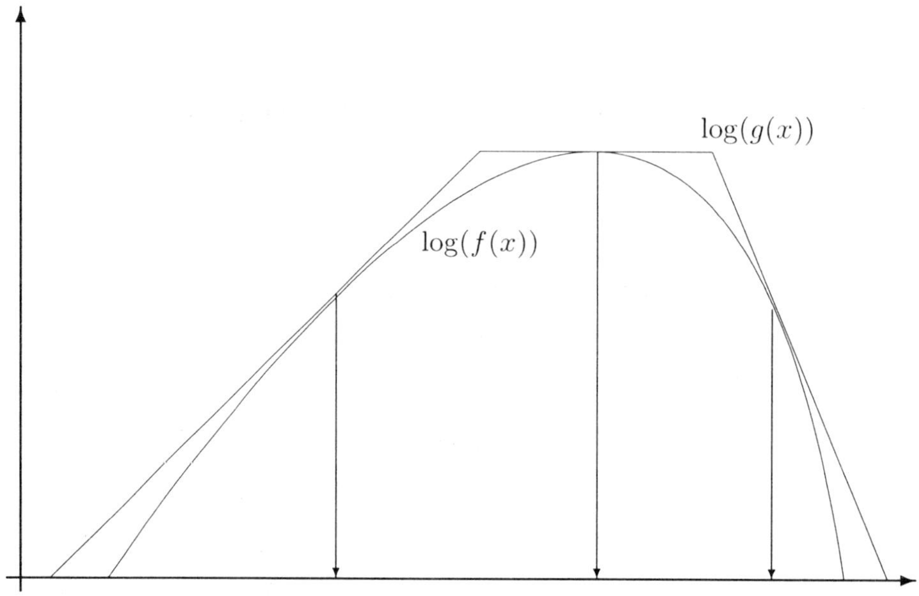

그림 8.5: Adaptive Rejection Method; $\log(f(x))$를 덮는 함수 $\log(g(x))$를 난수를 하나씩 만들 때 마다 점점 $\log(f(x))$에 가깝게 한다.

4. 만일 $f(x)/g(x) < U$이면 $X \leftarrow Y$로 하고 Y를 이용하여 $g(x)$를 새로 구성한 다음 2번으로 간다.

5. 그렇지 않으면 2번으로 간다.

8.7. 통계적 분포

이 절에서는 통계학에서 자주 사용하는 분포 중에 연속인 분포에서의 난수를 만드는 방법에 대해 알아보자.

8.7.1. 정규분포

정규분포의 성질에 확률변수 Z가 표준정규분포 $N(0,1)$을 따르면

1. 상수 a와 b에 대해 $aZ+b$의 분포는 $N(b,a^2)$이므로

2. $Z+\mu$의 분포는 $N(\mu,1)$이고

3. σZ의 분포는 $N(0,\sigma^2)$

인 것을 이용하여 평균이 μ 분산이 σ^2 인 정규분포로부터의 난수는 표준정규분포로부터 만들 수 있으므로 이 절에서는 표준정규분포를 갖는 난수에 대해 알아본다.

Box-Muller 변환

표준 정규분포를 갖는 난수를 만드는 잘 알려진 방법으로 Box-Muller 변환이 있는데 이 방법은 다음의 정리에 기초한다.

정리 8.2. 만일 U_1과 U_2가 독립이고 일양분포 $U(0,1)$를 따르면

$$Z_1 = \sqrt{-2\log U_1}\cos(2\pi U_2)$$

$$Z_2 = \sqrt{-2\log U_1}\sin(2\pi U_2)$$

라 하면 Z_1과 Z_2는 서로 독립이고 각각은 표준정규분포를 따른다.

증명:

$$Z_1^2 + Z_2^2 = -2\log(U_1) \text{ 이고 } \frac{Z_2}{Z_1} = \tan(2\pi U_2)$$

이므로 $(-\infty < Z_1, Z_2, < \infty)$ Jacobian J는

$$J = \begin{vmatrix} \dfrac{\partial U_1}{\partial Z_1} & \dfrac{\partial U_2}{\partial Z_1} \\ \dfrac{\partial U_1}{\partial Z_2} & \dfrac{\partial U_2}{\partial Z_2} \end{vmatrix} = \frac{1}{2\pi}\exp\left\{-\frac{z_1^2 + z_2^2}{2}\right\}$$

이다. 따라서 Z_1과 Z_2의 결합확률밀도함수는

$$f_{Z_1,Z_2}(z_1, z_2) = f_{U_1,U_2}(u_1, u_2)|\boldsymbol{J}| = \frac{1}{2\pi}\exp\left\{-\frac{z_1^2 + z_2^2}{2}\right\} \tag{8.35}$$

이다. ■

Marsaglia의 극좌표법

Marsaglia의 극좌표법(Marsaglia's polar method)은 삼각함수 계산을 줄이는 방법으로 Box-Muller 변환법의 응용된 방법이다. 이 방법은 다음 순서를 따른다. (연습문제 8.4 참조.)

1. 독립인 U_1과 U_2를 일양분포 $U(0,1)$로부터 얻어서 $V_1 = 2U_1 - 1$과 $V_2 = 2U_2 - 1$을 얻는다.

2. $V_1^2 + V_2^2 > 1$이면 1번 과정으로 돌아가고

3. $V_1^2 + V_2^2 < 1$이면

$$Z_1 = V_1\sqrt{-2\frac{\log(V_1^2 + V_2^2)}{V_1^2 + V_2^2}}$$

과

$$Z_2 = V_2\sqrt{-2\frac{\log(V_1^2+V_2^2)}{V_1^2+V_2^2}}$$

를 얻는다.

위에서 얻어진 Z_1과 Z_2는 독립이고 표준정규분포를 따른다.

중심극한정리의 이용

이 방법은 중심극한정리(Central Limit Theorem)에 의해 확률표본 $X_1, X_2, \ldots, X_n$이 기대값이 μ이고 분산이 σ^2인 임의의 분포에서의 표본이면

$$\frac{\sum_{i=1}^n X_i - n\mu}{\sqrt{n\sigma^2}}$$

의 분포는 근사적으로 표준정규분포를 따른다는 사실을 이용한다. 보통 X_i를 일양분포 $U(0,1)$에서 얻고 $n = 12$ 등을 이용하면 아주 좋은 근사인 것이 알려져 있다.

8.7.1.1. Acceptance-rejection 방법

표준정규분포로부터 난수를 만들기 위해 먼저

$$f_X(x) = \sqrt{\frac{2}{\pi}}\exp\Big\{-\frac{x^2}{2}\Big\} \quad x \geq 0 \tag{8.36}$$

에서 난수를 생성하여 임의로 (확률 1/2이 되게) 부호를 + 또는 −를 정하는 방법에 대해 알아보자. 먼저 식 (8.36)에 준 $f_X(x)$에서의 난수 생성에 대해 알아보자. Acceptance-rejection 방법을 쓰기 위해 먼저

$$h(x) = e^{-x} \tag{8.37}$$

$$C = \sqrt{\frac{2e}{\pi}} \tag{8.38}$$

$$g(x) = \exp\Big\{-\frac{(x-1)^2}{2}\Big\} \tag{8.39}$$

라 하면 $f_X(x)$는

$$f_X(x) = Ch(x)g(x) \tag{8.40}$$

가 된다. Acceptance 조건은

$$U \le g(Y) \text{ 즉, } U \le \exp\Big\{-\frac{(Y-1)^2}{2}\Big\} \tag{8.41}$$

이고 이는 다시 쓰면

$$-\log U \ge \frac{(Y-1)^2}{2} \tag{8.42}$$

이다. 이때 Y는 기대값이 1인 **지수분포**에서의 난수이다. 그런데 $-\log U$의 분포도 역시 지수분포이므로 이 알고리즘을 요약하면 다음과 같다.

1. V_1과 V_2를 독립이고 평균이 1인 지수분포에서 얻는다.

2. 만일 $V_2 \ge (V_1-1)^2/2$이면 1번으로 간다.

3. U를 $U(0,1)$에서 얻는다.

4. 만일 $U \le 1/2$ 이면 $Z = -V_1$ 이라 하고

5. 아니면 $Z = V_1$이라 한다.

8.7.2. 다변량 정규분포

분산공분산 행렬이 $p \times p$차원인 행렬 $\mathbf{\Sigma}$인 **다변량 정규분포**에서의 확률 벡터 $\boldsymbol{X}$를 생성하는 방법에 대해 생각해 보자. 먼저 8.7.1절에서 설명한 방법으로 $\boldsymbol{Z} = (Z_1, Z_2, \ldots, Z_p)^T$를 얻는다. 이제 $\mathbf{\Sigma}$는 분산공분산 행렬이라서 양정치이므로 2.5절에서 본 Cholesky 분해가 가능하다. 따라서 $\mathbf{\Sigma} = \boldsymbol{C}\boldsymbol{C}^T$로 분해하여

$$\boldsymbol{X} = \boldsymbol{C}^T\boldsymbol{Z} \tag{8.43}$$

라 하면 $var(\boldsymbol{X}) = (\boldsymbol{C}^T)^T \boldsymbol{I}\boldsymbol{C}^T = \boldsymbol{C}\boldsymbol{C}^T = \boldsymbol{\Sigma}$ 가 된다. 이를 정리하면 정규분포 $N_p(\boldsymbol{\mu}, \boldsymbol{\Sigma})$에서의 난수 $\boldsymbol{X}$를 만들기 위해서는

1. 서로 독립인 $Z_1, Z_2, \ldots, Z_p$를 표준정규분포로부터 생성한다. 이를 $\boldsymbol{Z} = (Z_1, Z_2, \ldots, Z_p)^T$라 한다.

2. Cholesky 분해 등을 이용하여 $\boldsymbol{\Sigma}$를 $\boldsymbol{C}\boldsymbol{C}^T$로 분해한다.

3. $\boldsymbol{X} = \boldsymbol{C}^T\boldsymbol{Z} + \boldsymbol{\mu}$를 얻는다.

을 사용한다.

8.7.3. Cauchy 분포

이 절에서는 Cauchy 분포로부터 난수를 생성하는 방법에 대해 알아보자. Cauchy 분포는 기대값이 존재하지 않으므로 많은 모사실험에서 꼬리가 두터운 분포를 필요로 할 때 사용한다.

역분포 함수 방법

확률밀도함수가

$$f_X(x) = \frac{\beta}{\pi[\beta^2 + (x-\mu)^2]}, \quad -\infty < x < \infty \tag{8.44}$$

인 Cauchy 분포로부터 난수를 만들기 위해서 누적확률밀도함수를 구하면

$$F_X(x) = \frac{1}{2} + \pi^{-1} \tan^{-1}\Big(\frac{x-\mu}{\beta}\Big) \tag{8.45}$$

이므로 역분포 함수 방법을 사용하고 $\tan(x - \pi/2) = -1/\tan(x)$ 임을[3] 이용하면

$$X = F_X^{-1}(U) = \mu + \beta \tan[\pi(U - \frac{1}{2})] = \mu - \frac{\beta}{\tan(\pi U)} \tag{8.46}$$

로 X를 만들면 X는 Cauchy분포를 따른다. 여기서 U는 일양분포 $U(0,1)$에서의 난수이다.

변환법

잘알려진 바와 같이 Z_1과 Z_2가 독립이고 표준정규분포를 따른다면

$$X = \beta \frac{Z_1}{Z_2} + \mu \tag{8.47}$$

의 분포는 Cauchy분포이고 이의 확률밀도함수는 식 (8.44)에 주어진 식이다. 따라서

1. 독립인 Z_1과 Z_2를 $N(0,1)$에 발생한다.

2. $X = \beta Z_1/Z_2 + \mu$를 얻는다.

순서로 X를 구할 수 있다.

8.7.4. 로그정규분포

X가 $N(\mu, \sigma^2)$에서의 확률변수라 하면 $Y = e^X$의 확률밀도함수가

$$\frac{1}{\sqrt{2\pi}\sigma y} \exp\Big\{-\frac{\log y - \mu}{2\sigma^2}\Big\} \quad y > 0$$

인 로그정규분포를 따르므로

---

[3] $\tan(x - \frac{\pi}{2}) = \dfrac{\sin(x - \frac{\pi}{2})}{\cos(x - \frac{\pi}{2})} = \dfrac{\cos(x - \frac{\pi}{2})}{-\sin(x - \frac{\pi}{2})}$.

1. Z를 표준정규분포로부터 생성한다.

2. $Y \leftarrow e^{\mu+\sigma Z}$를 얻는다.

8.7.5. 지수분포

이 절에서는 기대값이 β가 되는 **지수분포**로부터 난수를 만드는 과정을 생각해 보자.

역분포 함수법 또는 변환법

U가 $U(0,1)$에서부터의 확률변수라 하면 $X = -1/\beta \log(U)$는 확률 밀도함수가

$$f_X(x) = \beta \exp(-\beta x) \qquad x > 0 \tag{8.48}$$

인 지수분포를 따른다는 사실에서

1. U를 $U(0,1)$에서 얻는다.

2. $X = -1/\beta \log(U)$를 얻는다.

이 방법은 一見 단순해 보이지만 log의 계산에 많은 시간을 사용한다는 사실에 유의할 필요가 있다.

방법 II

이 방법은 n개의 난수를 바로 만들 수 있는 방법으로 다음 정리에 기초하고 있다.

정리 8.3. $U_1, U_2, \ldots, U_n, U_{n+1}, \ldots, U_{2n-1}$을 독립이고 $U(0,1)$에서의 확률변수라 하자. $U_{(1)}, U_{(2)}, \ldots, U_{(n-1)}$를 $U_{n+1}, \ldots, U_{2n-1}$에서의 순서통계량이라고 하고 $U_{(0)} \equiv 0$, $U_{(n)} \equiv 1$ 이라고 하자. 그러면

$$Y_k = (U_{(k-1)} - U_{(k)}) \log(\prod_{i=1}^{n} U_i) \qquad k = 1, 2, \ldots, n \tag{8.49}$$

은 독립이고 $\beta = 1$인 지수분포를 따른다.

증명: $X_k = U_{(k)} - U_{(k-1)}$ $(k = 1, 2, \ldots, n-1)$ 이라 하고

$$X_n = -\log(\prod_{i=1}^{n} U_i)$$

라 하면 X_n의 분포는 확률밀도함수가

$$f_{X_n}(x_n) = \frac{x^{n-1}e^{-x}}{(n-1)!} \quad x \geq 0$$

인 Erlang 분포를 따르며 $(X_1, X_2, \ldots, X_{n-1})$의 결합확률밀도함수는

$$f_{X_1,\ldots,X_{n-1}}(x_1, x_2, \ldots, x_{n-1}) = (n-1)!, \quad \sum_{k=1}^{n-1} x_k \leq 1; \; x_k \geq 0, \; k = 1, \ldots, n-1$$

이므로

$$f_{X_1,\ldots,X_n}(x_1, x_2, \ldots, x_n) = x_n^{n-1}e^{-x_n}, \quad \sum_{k=1}^{n-1} x_k \leq 1; \; x_k \geq 0, \; k = 1, \ldots, n-1$$

이다. 이제

$$y_k = x_k x_n \quad k = 1, 2, \ldots, n-1$$

와

$$y_n = (1 - x_1 - x_2 - \cdots - x_{n-1})x_n$$

로 변환을 생각하면

$$x_k = \frac{y_k}{\sum_{i=1}^{n} y_i} \quad k = 1, 2, \ldots, n-1$$

과

$$x_n = \sum_{i=1}^{n} y_i$$

이므로 Jacobian은

$$J = (\sum_{i=1}^{n} y_i)^{-(n-1)}$$

이다. 따라서 $(Y_1, Y_2, \ldots, Y_n)$의 결합확률밀도함수는

$$\begin{aligned} f_{Y_1,Y_2,\ldots,Y_n}(y_1, y_2, \ldots, y_n) &= \Big[(\sum_{i=1}^{n} y_i)^{n-1} \exp(-\sum_{i=1}^{n} y_i)\Big](\sum_{i=1}^{n} y_i)^{-(n-1)} \\ &= \prod_{i=1}^{n} e^{-y_i}, y_i \geq 0, i = 1, 2, \ldots, n \qquad (8.50) \end{aligned}$$

이다. ■

따라서 이 정리를 이용한 알고리즘은 다음과 같다.

1. $U_1, U_2, \ldots, U_{2n-1}$을 독립인 $U(0,1)$에서 생성한다.
2. $U_{n+1}, U_{n+2}, \ldots, U_{2n-1}$을 오름차순으로 정리하여 $U_{(1)}, U_{(2)}, U_{(n-1)}$을 얻는다.
3. $Y_k \leftarrow (U_{(k-1)} - U_{(k)}) \log(\prod_{i=1}^{n} U_i)$를 얻는다.

이 방법은 처음 방법에 비해 훨씬 복잡하고 비효율적으로 보이지만 n개의 난수를 만들기 위해 한 번만 log를 취하는데 앞의 알고리즘의 경우는 n번의 로그를 취하게 된다. 시뮬레이션 결과에 의하면 n이 3에서 6 사이일 때는 두 번째 알고리즘이 효율적이라는 것이 알려져 있다, (Rubinstein (1981).)

8.7.6. 감마분포

모수가 (α, β)인 감마분포의 확률밀도함수는

$$f_X(x) = \frac{1}{\Gamma(\alpha)\beta^\alpha} x^{\alpha-1} e^{-x/\beta} \quad x > 0 \qquad (8.51)$$

인데 감마분포의 기본 성질 중의 하나는 α가 자연수일 때 독립이고 기대값이 β인 지수분포 α개의 합이 감마분포를 갖는다는 것이다. 따라서

$U_1, U_2, \ldots, U_\alpha$가 독립인 $U(0,1)$을 따르면

$$X = -\beta \log(\prod_{i=1}^{\alpha} U_i) \tag{8.52}$$

의 분포는 모수가 (α, β)인 감마분포를 따른다는 성질을 이용하여 감마분포로부터의 난수를 만들 수 있다. 이 방법은 두 가지 단점이 있는데 첫째는 α가 자연수일 때만 사용한다는 것이고 둘째는 α가 큰 값이면 시간이 많이 걸린다는 것이다. 감마분포에서 α가 자연수일 때는 Erlang 분포라고 하기도 한다.

다음으로 베타분포와 감마분포의 관계를 이용하는 경우를 생각해보자.

정리 8.4. (Jöhnk (1964))
W와 V가 독립이고 각각 모수가 $(\delta, 1-\delta)$인 베타분포와 1인 지수분포를 따른다고 하자. 그러면 $X = \beta VW$는 모수가 (δ, β)인 감마분포를 따른다.

증명: $u = v$, $x = \beta wv$ 라고 하면 $w = x/\beta w$, $v = u$이고 따라서

$$J = \begin{vmatrix} -\dfrac{x}{u^2\beta} & \dfrac{1}{u\beta} \\ 1 & 0 \end{vmatrix} = -\frac{1}{u\beta} \tag{8.53}$$

이므로

$$f_{U,X}(u,x) = \frac{\beta^{-\delta}}{\Gamma(\delta)\Gamma(1-\delta)} x^{\delta-1}(u - \frac{x}{\beta})^{-\delta} e^{-u}, \quad 0 \le x, \quad u < \infty \tag{8.54}$$

이된다. 따라서 X의 한계 확률밀도함수는

$$f_X(x) = \int_{x/\beta}^{\infty} f_{U,X}(u,x)du = \frac{1}{\Gamma(\delta)\beta^\delta} x^{\delta-1} e^{-x/\beta} \quad x > 0 \tag{8.55}$$

이고 이는 감마분포 (δ, β)의 확률밀도함수이다. ■

위의 정리를 이용한 알고리즘은 다음과 같다.

1. W와 V를 모수가 $(\delta, 1-\delta)$인 베타분포와 1인 지수분포로부터 만든다.

2. $X \leftarrow \beta VW$.

이 방법은 베타분포의 난수가 있을 경우에는 아주 유용하다.

Acceptance-rejection 방법을 사용하여 난수를 만드는 한 방법으로 Wallace (1974)의 방법을 살펴보기로 하자. 이 방법은 α가 자연수인 두 감마분포를 이용한다. 식 (8.51)에 주어진 감마분포의 확률밀도함수를

$$f_X(x) = Ch(x)g(x) \tag{8.56}$$

로 분해하는데 $h(x)$, C, $g(x)$를

$$h(x) = P\frac{x^{m-1}e^{-x}}{(m-1)!} + (1-P)\frac{x^m e^{-x}}{m!} \tag{8.57}$$

$$C = \frac{(m-1)!m^\delta}{\Gamma(\alpha)} \tag{8.58}$$

및

$$g(x) = \left(\frac{x}{m}\right)^\delta \left[1 + \left(\frac{x}{m} - 1\right)(1-P)\right]^{-1} \tag{8.59}$$

로 얻는다. 식 (8.33)에 의한 최적의 P는 $\delta = \alpha - [\alpha]$일 때 $1-\delta$로 얻을 수 있으며 따라서 알고리즘은 다음과 같이 요약할 수 있다.

1. $m = [\alpha]$라 하고 $\delta = \alpha - m$으로 얻는다.

2. 독립인 $U_1, U_2, \ldots, U_m, U_{m+1}, U_{m+2}$을 $U(0,1)$으로부터 얻는다.

3. 만일 $U_{m+2} < 1-\delta$이면

$$V = -\log(\prod_{i=1}^{m} U_i) \tag{8.60}$$

4. 만일 $U_{m+2} > 1-\delta$이면

$$V = -\log(\prod_{i=1}^{m+1} U_i) \tag{8.61}$$

을 얻는다.

5. 또다른 U를 $U(0,1)$에서 얻어서 만일

$$U \le \frac{(V/m)^{\delta}}{[1+(V/m-1)\delta]} \tag{8.62}$$

이면 $X \leftarrow V$라 하고 아니면 처음으로 간다.

8.7.7. 베타분포

모수가 (α, β)인 베타분포의 확률밀도함수는

$$f_X(x) = \frac{\Gamma(\alpha+\beta)}{\Gamma(\beta)\Gamma(\beta)} x^{\alpha-1}(1-x)^{\beta-1} \quad 0 < x < 1 \quad \alpha, \beta > 0 \tag{8.63}$$

이다.

방법 I 이 방법은 Y_1과 Y_2가 독립이고 모수가 각각 $(\alpha, 1)$, $(\beta, 1)$인 감마 분포를 따르면

$$X = \frac{Y_1}{Y_1 + Y_2} \tag{8.64}$$

의 분포는 모수가 (α, β)인 베타분포의 성질을 이용한 방법이다.

방법 II 이 방법은 α와 β가 모두 자연수일 때만 사용할 수 있는 방법으로 연습문제 1.4에서 본 일양분포 $U(0,1)$로부터의 확률변수의 순서 통계량의 성질을 이용한다. 이 알고리즘은

1. 일양분포 $U(0,1)$로부터 독립인 $U_1, U_2, \ldots, U_{\alpha+\beta-1}$을 생성한다.
2. $X \leftarrow U_{(\alpha)}$

이 방법은 α나 β가 크면 비교를 많이 해야 하므로 효율이 낮아진다.

방법 III 세 번째 방법은 다음 정리에 기초하여 만들어진다.

정리 8.5. U_1과 U_2를 독립이고 $U(0,1)$에서의 확률변수라 하자. 그러면 $Y_1 = U_1^{1/\alpha}$, $Y_2 = U_2^{1/\beta}$라고 하고

$$X = \frac{Y_1}{Y_1 + Y_2} \tag{8.65}$$

일 때

$$f_{X|Y_1+Y_2\leq 1}(x|y_1 + y_2 \leq 1) = \frac{\Gamma(\alpha+\beta)}{\Gamma(\alpha)\Gamma(\beta)} x^{\alpha-1}(1-x)^{\beta-1} \tag{8.66}$$

이다.

증명: Y_1과 Y_2의 확률밀도함수는 각각

$$f_{Y_1}(y_1) = \alpha y_1^{\alpha-1} \quad 0 \leq y_1 \leq 1 \tag{8.67}$$

과

$$f_{Y_2}(y_2) = \beta y_2^{\beta-1} \quad 0 \leq y_2 \leq 1 \tag{8.68}$$

이므로 $X = Y_1/(Y_1+Y_2)$, $W = Y_1 + Y_2$라 할 때 Jacobian은

$$J = \begin{vmatrix} \dfrac{\partial y_1}{\partial x} & \dfrac{\partial y_1}{\partial w} \\ \dfrac{\partial y_2}{\partial x} & \dfrac{\partial y_2}{\partial w} \end{vmatrix} = \begin{vmatrix} w & x \\ -w & 1-x \end{vmatrix} = w \tag{8.69}$$

이고 따라서

$$f_{X,W}(x,w) = \alpha\beta x^{\alpha-1}(1-x)^{\beta-1} w^{\alpha+\beta-1}, \quad 0 \leq x \leq 1, 0 \leq w \leq 2 \tag{8.70}$$

이다. 따라서

$$\begin{aligned} f_{X|W\le 1}(x|W\le 1) &= \frac{\int_0^1 f_{X,W}(x,w)dw}{\int_0^1\int_0^1 f_{X,W}(x,w)dxdw} \\ &= \frac{\Gamma(\alpha+\beta)}{\Gamma(\alpha)\Gamma(\beta)}x^{\alpha-1}(1-x)^{\beta-1} \end{aligned} \tag{8.71}$$

이다. ■

이 정리의 결과를 요약하면 다음과 같다.

1. 독립인 U_1과 U_2를 $U(0,1)$에서 만든다.
2. $Y_1 = U_1^{1/\alpha}$, $Y_2 = U_2^{1/\beta}$를 계산한다.
3. $Y_1 + Y_2 \le 1$ 이면 $X \leftarrow Y_1/(Y_1+Y_2)$로 얻고 아니면 처음으로 돌아간다.

방법 IV Y를 자유도가 $(2\alpha, 2\beta)$인 F 분포를 따르는 확률변수라 하면

$$X = \frac{\alpha Y/\beta}{1+\alpha Y/\beta} \tag{8.72}$$

는 모수가 (α,β)인 베타분포를 따르므로 이를 이용하면

1. Y를 $F_{2\alpha,2\beta}$에서 만든다.
2. $X \leftarrow (\alpha Y/\beta)/(1+\alpha Y/\beta)$

순서로 X를 얻으면 X의 분포는 베타분포가 된다.

8.7.8. 카이제곱 분포

자유도가 ν인 카이제곱분포에서 난수를 발생하기 전에 카이제곱분포에 대한 다음 두 가지 성질을 생각해 보자.

1. $Z_1, Z_2, \ldots, Z_\nu$가 독립이고 표준정규분포를 따르면

$$Z_1^2 + Z_2^2 + \cdots + Z_\nu^2 \tag{8.73}$$

은 자유도가 ν인 카이제곱분포를 따른다.

2. 카이제곱분포는 확률밀도함수가

$$f_X(x) = \frac{1}{\Gamma(\nu/2)2^{\nu/2}} x^{\nu/2-1} e^{-x/2} \quad x > 0 \tag{8.74}$$

이므로 이는 감마분포의 특수한 경우로 $\alpha = \nu/2$이고 $\beta = 2$인 경우이다.

따라서 카이제곱분포로부터 난수를 발생하기 위해서는 다음 두 가지 경우로 나누어서 생각한다.

ν 가 짝수인 경우 이 경우는 $U_1, U_2, \ldots, U_{\nu/2}$ 를 $U(0,1)$에서 얻어서

$$X \leftarrow -2\log\Big(\prod_{i=1}^{\nu/2} U_i\Big) \tag{8.75}$$

를 얻는다.

ν 가 홀수인 경우 이 경우는 $U_1, U_2, \ldots, U_{(\nu-1)/2}$ 를 $U(0,1)$에서 얻고 Z를 $N(0,1)$에서 얻어서

$$X \leftarrow -2\log\Big(\prod_{i=1}^{(\nu-1)/2} U_i\Big) + Z^2 \tag{8.76}$$

를 얻는다.

8.7.9. t 분포

Z가 표준정규분포를 따르고 χ가 자유도가 ν인 카이제곱분포를 따르고 이 둘이 독립이면 자유도가 ν인 t 분포의 정의로부터

$$t = \frac{Z}{\sqrt{\chi/\nu}} \tag{8.77}$$

임을 이용하여 t 분포

$$f(x) = \frac{\Gamma((\nu+1)/2)}{\Gamma(\nu/2)} \frac{1}{\sqrt{k\pi}} \frac{1}{(1+x^2/\nu)^{(\nu+1)/2}} \tag{8.78}$$

를 따르는 난수를 만들 수 있다.

8.7.10. F 분포

Y_1과 Y_2가 독립이고 각각 자유도가 ν_1, ν_2인 카이제곱분포를 따르면

$$F = \frac{Y_1/\nu_1}{Y_2/\nu_2} \tag{8.79}$$

가 자유도가 (ν_1, ν_2)인 F 분포

$$f(x) = \frac{\Gamma((\nu_1+\nu_2)/2)}{\Gamma(\nu_1/2)\Gamma(\nu_2/2)} \left(\frac{\nu_1}{\nu_2}\right)^{\nu_1/2} \frac{x^{\nu_1/2-1}}{(1+\nu_1 x/\nu_2)^{(\nu_1+\nu_2)/2}} \tag{8.80}$$

를 따르므로

1. Y_1과 Y_2를 각각 $\chi^2_{\nu_1}$, $\chi^2_{\nu_2}$ 분포에서 독립적으로 얻는다.
2. $X = Y_1/Y_2$를 F_{ν_1,ν_2}에서의 난수로 취한다.

의 방법으로 F 분포를 따르는 난수를 만들 수 있다.

또 다른 방법으로 제 8.7.7 절에서 살핀 것처럼 X를 자유도가 $(2\alpha, 2\beta)$인 F 분포를 따르는 확률변수라 하면

$$Y = \frac{\alpha X/\beta}{1+\alpha X/\beta} \tag{8.81}$$

는 모수가 (α, β)인 베타분포를 따르므로 이를 역으로 풀어서 Y를 모수가 $(\nu_1/2, \nu_2/2)$인 베타분포를 따르는 확률변수라 하면

$$X = \frac{\beta Y}{\alpha(1-Y)} \tag{8.82}$$

는 자유도가 (ν_1, ν_2)인 F 분포를 갖는다.

8.7.11. Weibull 분포

모수가 (α, β)인 Weibull 분포의 확률밀도함수는

$$f_X(x) = \frac{\alpha}{\beta^\alpha} x^{\alpha-1} e^{-(x/\beta)^\alpha}, \quad x > 0 \quad \alpha > 0 \quad \beta > 0 \tag{8.83}$$

이므로

$$U = F_X(x) = 1 - e^{-(x/\beta)^\alpha} \tag{8.84}$$

를 풀어서

$$X = \beta(-\log(1-U))^{1/\alpha} \stackrel{d}{=} X = \beta(-\log(U))^{1/\alpha} \tag{8.85}$$

를 발생하면 된다.

8.8. 이산분포

8.8.1. 역분포함수법

이 방법은 연속인 확률변수를 만드는 방법을 그대로 적용한 방법으로 이산인 성질만 고려한 것이다. $x_1 < x_2 < \cdots$를 이산 확률변수 X가 취할 수 있는 값이라 할때 그 확률을

$$f_X(x) = \Pr[X = x_k] = p_k \quad k = 1, 2, \ldots \tag{8.86}$$

이라고 쓰자. 이때 누적확률밀도함수는

$$g_k = \Pr[X \le x_k] = \sum_{i=1}^{k} p_k \tag{8.87}$$

가 되고 $U \sim U(0,1)$ 이면

$$P[g_{k-1} < U \le g_k] = \int_{g_{k-1}}^{g_k} du = g_k - g_{k-1} = p_k, \quad g_0 = 0 \tag{8.88}$$

이므로

$$X = \min\{x : g_{k-1} < U \le g_k\} \tag{8.89}$$

를 얻을 수 있다. 따라서 이를 알고리즘으로 정리하면

1. $C \leftarrow p_1$.
2. $B \leftarrow C$.
3. $k \leftarrow 1$.
4. $U(0,1)$에서 U를 만든다.
5. 만일 $U \le B$ 이면 $X \leftarrow x_k$로 하고 끝낸다.
6. $k \leftarrow k+1$.
7. $C \leftarrow p_k$
8. $B \leftarrow B + C$. $(g_{k+1} = g_k + p_k)$
9. 5번으로 간다.

가 된다.

8.8.2. Alias 방법

이산 확률변수 X에 대한 확률분포가 $\Pr[X = x_i] = p_i \ (i = 1, 2, \ldots, n)$[4] 이 되는 확률변수 X의 난수를 생성하는 방법에 대해 알아보자. 이 방법으로 잘 알려져 있으면서 효율적인 방법으로 Alias 방법이 있다. Walker (1974,

[4]실제로 $n = \infty$가 되는 경우에도 machine precision 범위내에서 유한하게 구한다.

1977)가 제안한 이 방법은 두 개의 알고리즘으로 구성된다. 먼저 alias A_i와 cut-off인 F_i를 구한다. 이들을 구하는 알고리즘은

알고리즘 8.2.

1. $i = 1, 2, \ldots, n$에 대해 $A_i = i$; $F_i = 0$; $B_i = p_i - 1/n$ 라 둔다.
2. 만일 $\sum |B_i| = 0$ 이면 끝낸다.
3. $B_k \le B_i$ 와 $B_l \ge B_i$ $(i = 1, 2, \ldots, n)$를 만족하는 k와 l을 각각 구한다. 따라서 k와 l은 각각 B_i 중 가장 작은 값과 가장 큰 값의 첨자이다.
4. $C = B_k$, $D = B_l$이라 둔다.
5. $B_k = 0$, $B_l = C + D$라 둔다.
6. $A_k = l$, $F_k = 1 + nC$ 라 둔다.
7. 2번으로 간다.

이 알고리즘의 결과로 만들어지는 A_i는 alias이고 F_i는 cut-off가 된다 $(i = 1, 2, \ldots, n)$. 위의 알고리즘으로 A_i와 F_i를 찾은 후에 난수의 생성은 다음 알고리즘을 이용한다.

알고리즘 8.3.

1. $U(0, 1)$을 따르는 U를 생성한다.
2. $\{1, 2, \ldots, n\}$ 중의 하나가 될 확률이 $1/n$이 되는 분포로부터 i를 선택한다.
3. 만일 $U \le F_i$ 이면 $X = i$ 라 하고 그렇지 않으면 $X = x_{A_i}$라 한다.

다음 예를 보면서 이 알고리즘이 어떻게 작용하는지 알아보자.

보기 8.6. 다음 확률 분포를 갖는 난수를 생성하여라.

x	1	2	3	4
$\Pr[X=x]$	0.1	0.2	0.3	0.4

먼저 알고리즘 8.2를 따라가 보면

	B_1	B_2	B_3	B_4	k	l	C	D
초기값	−0.15	−0.05	0.05	0.15				
1 반복	0.	−0.05	0.05	0.	1	4	−0.15	0.15
2 반복	0.	0.	0.	0.	2	3	−0.05	0.05

가 되고 이에 대응하는 A_i와 F_i는

반복	F_1	F_2	F_3	F_4	A_1	A_2	A_3	A_4
1	0.4	0.	0.	0.	4	2	3	4
2	0.4	0.8	0.	0.	4	3	3	4

가 되므로 위의 알고리즘으로 만들어진 난수 X에 대해

$$\begin{aligned}
\Pr[X=1] &= P[U \le 0.4] \times \frac{1}{4} = 0.1 \\
\Pr[X=2] &= P[U \le 0.8] \times \frac{1}{4} = 0.2 \\
\Pr[X=3] &= P[U > 0.8] \times \frac{1}{4} + \frac{1}{4} = 0.3 \\
\Pr[X=4] &= P[U > 0.4] \times \frac{1}{4} + \frac{1}{4} = 0.4
\end{aligned}$$

이 성립하므로 우리가 원한 분포를 갖는 확률변수를 만들었음을 알 수 있다.

Alias 방법은 그림 8.6에 보는 것처럼 n개의 실현 가능한 값이 있을 때 확률이 $\frac{1}{n}$ 보다 큰가 작은가에 따라 큰 쪽은 작은 쪽에서 더해 주는 방법이다. 다음은 alias 방법을 구현한 예이다.

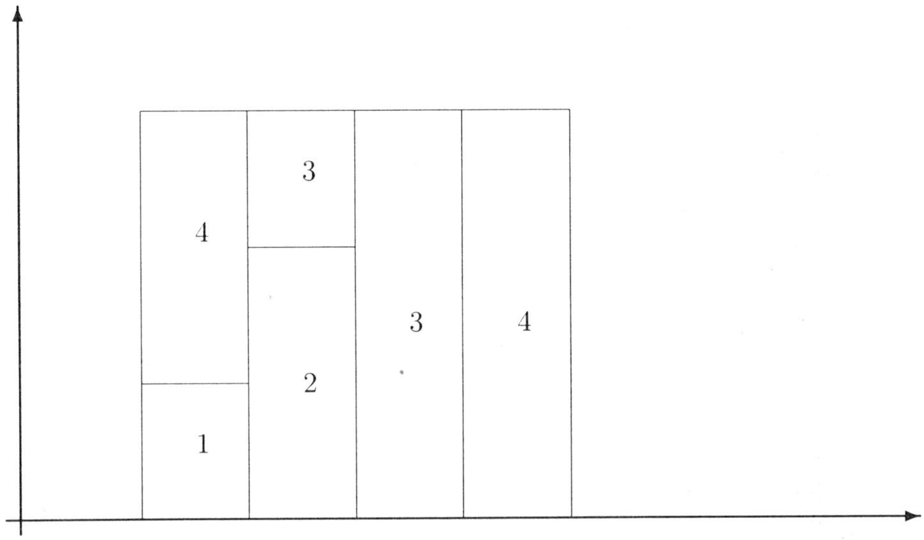

그림 8.6: Alias 방법

```
      SUBROUTINE ALIAS(A,F,P)
      INTEGER A(NN), NN
      REAL F(NN), DIFF(NN), P(NN)

      DO I = 1, NN
       A(I) = I
       F(I) = 0.
       DIFF(I) = P(I) - 1./FLOAT(NN)
      ENDDO

1     ASUM = 0.
      DO I = 1, NN
        ASUM = ASUM + ABS(DIFF(I))
      ENDDO
      IF (ASUM .LT. 1.E-5) RETURN

      K = 1
      L = 1
      SMALL = DIFF(1)
      BIG = DIFF(1)
```

```
DO I = 2, NN
 IF (DIFF(I) .GE. BIG) THEN
   BIG = DIFF(I)
   L=I
 ENDIF
 IF (DIFF(I) .LE. SMALL) THEN
   SMALL = DIFF(I)
   K = I
 ENDIF
ENDDO

C = DIFF(K)
D = DIFF(L)
DIFF(K) = 0.
DIFF(L) = C + D
A(K) = L
F(K) = 1. + FLOAT(NN)*C
GOTO 1
END
```

8.8.3. 통계적 분포

이산인 분포를 갖은 분포 중에서 자주 사용하는 분포에서의 난수를 생성하는 방법을 생각해보자. 앞에서 설명한 역분포함수 방법이나 alias 방법은 항상 적용이 가능하나 그 외의 방법을 사용할 수 있는 이론적 배경을 각 분포에 대해서 알아본다.

8.8.3.1. 베르누이 시행과 이항분포

X가 성공 확률이 p인 베르누이 시행(Bernoulli trials)을 따른다면

$$X = \begin{cases} 1 & \text{확률 } p \\ 0 & \text{확률 } 1-p \equiv q \end{cases} \tag{8.90}$$

이고 성공확률이 p이고 시행횟수가 n인 이항분포는 독립이고 분포가 같은 베르누이 시행의 합이다. 이항분포의 확률밀도함수[5]는

$$f_X(x) = \begin{pmatrix} n \\ c \end{pmatrix} p^x(1-p)^{n-x}, \quad x = 0, 1, 2, \ldots, n \tag{8.91}$$

가 된다. 따라서 이항분포는 n개의 베르누이 시행에서 성공횟수의 분포이다.

8.8.3.2. 베르누이 시행

성공확률이 p인 베르누이 시행에서의 난수는

1. U를 $U(0,1)$에서 만든다.

2. 만일 $U < p$이면 $X \leftarrow 1$로 얻고 아니면 $X \leftarrow 0$를 얻는다.

8.8.3.3. 이항분포

이항분포의 앞에서 본 베르누이 시행에서의 난수는 합으로 나타낼 수 있다. 그러나 n이 클 경우엔 시간이 많이 걸리므로 정규근사를 이용할 수도 있다. 즉,

$$Z = \frac{X - np + 1/2}{\sqrt{npq}} \tag{8.92}$$

는 근사적으로 표준정규분포를 따르므로 Z를 표준정규분포에서의 난수라 할 때

$$X = \max\left\{0, [-\frac{1}{2} + np + Z\sqrt{npq}]\right\} \tag{8.93}$$

를 얻을 수 있다. 여기서 $[x]$는 x의 정수부분을 취하는 함수이다.

[5]연속이 아니라도 일반적인 의미로 확률밀도함수라 할 수 있다.

8.8.4. 포아송 분포

포아송(Poisson) 분포는 지수분포와 밀접한 관계를 가지므로 이를 이용한 난수를 만들 수 있다.

만일 X가 평균이 λ인 포아송 분포를 갖는다면 이는 단위시간 동안에 X개의 도착(arrivals)이 있다는 의미이며 이때 X개의 도착간 시간 (inter-arrival time) T_i는 독립이며 식 (8.48)에서 β가 λ인 지수분포를 갖는다. $T_0 \equiv 0$라 하고 이를 수식으로 쓰면

$$\sum_{i=0}^{X} T_i \leq 1 < \sum_{i=0}^{X+1} T_i \tag{8.94}$$

이다. 그런데 $U_i \stackrel{\text{iid}}{\sim} U(0,1)$이면 $T_i \stackrel{d}{=} -1/\lambda \log(U_i)$ 이므로 $U_0 \equiv 1$이라 하면

$$-\frac{1}{\lambda}\sum_{i=0}^{X} \log(U_i) \leq 1 < -\frac{1}{\lambda}\sum_{i=1}^{X+1} \log(U_0) \quad X = 0, 1, 2, \ldots \tag{8.95}$$

이고 이는 다시 쓰면

$$\prod_{i=0}^{X} U_i \geq e^{-\lambda} > \prod_{i=0}^{X+1} U_i \quad X = 0, 1, 2, \ldots \tag{8.96}$$

이다 따라서 이를 정리하면 기대값이 λ인 포아송 분포를 따르는 난수 X를 만들려면 다음 알고리즘을 따른다.

1. $A \leftarrow 1$
2. $k \leftarrow 0$
3. U_k를 $U(0,1)$에서 만든다.
4. $A \leftarrow U_k A$
5. 만일 $A < e^{-\lambda}$이면 $X \leftarrow k$ 라 하고 끝낸다.

6. $k \leftarrow k+1$

7. 3번으로 돌아간다.

8.8.5. 기하분포

기하분포는 베르누이 시행을 반복할 때 처음 성공이 나올 때까지의 시행 횟수의 분포이다.[6] 즉,

$$f_X(x) = \Pr[X = x] = p(1-p)^x \quad x = 0, 1, 2, \ldots \tag{8.97}$$

이 확률밀도함수이다. 기하분포는 지수분포와 관계가 있는데 Y를 기대값이 β^{-1}인 지수분포를 갖는 확률변수라 하면

$$\Pr[x < Y \le x+1] = \int_x^{x+1} \beta e^{-y\beta} dy = e^{-\beta x}(1-e^{-\beta}) \quad x = 0, 1, 2, \ldots \tag{8.98}$$

인데 이는 성공확률 p가 $(1-e^{-\beta})$인 기하분포의 확률밀도함수이다. 따라서 $\beta = -\log(1-p)$이고 U를 $U(0,1)$이라 하면

$$X = [\log(U) \log(1-p)] \tag{8.99}$$

로 얻어진다. 여기서 $[x]$는 x의 정수부분을 취하는 함수이다. 역으로 위의 방법으로 X를 얻을 때 X의 분포를 알아보면

$$\begin{aligned}
\Pr[X = x] &= \Pr[x \le \log(1-p) \log(U) < x+1] \\
&= \int_x^{x+1} -\log(1-p) e^{y \log(1-p)} dy \\
&= e^{x \log(1-p)} - e^{(x+1)\log(1-p)} \\
&= (1-p)^x p
\end{aligned} \tag{8.100}$$

---

[6] 기하분포는 보통 처음 성공이 나올 때까지의 시행의 전체 횟수의 분포, 즉 확률밀도함수가 $\Pr[X = x] = p(1-p)^{x-1}$ $(x = 1, 2, \ldots)$인 경우를 말하는데 여기서는 편의상 처음 성공이 나오기 직전까지의 시행횟수의 분포를 생각하자.

이므로 기하분포의 확률을 가짐을 알 수 있다.

8.8.6. 음이항분포

음이항분포는 베르누이 시행을 반복할 때 r번째 성공이 나올 때까지의 시행횟수의 분포이다. 즉

$$f_X(x) = \Pr[X = x] = \begin{pmatrix} x + r - 1 \\ x \end{pmatrix} p^r (1-p)^{x-1}, \quad x = 0, 1, 2, \ldots \tag{8.101}$$

이 확률밀도함수이다.

참고로 음이항분포의 확률밀도함수는

$$f_X(x) = \begin{pmatrix} x - 1 \\ r - 1 \end{pmatrix} p^r (1-p)^{x-r}, \qquad x = r, r+1, r+2, \cdots \tag{8.102}$$

로 쓰기도 한다. 이 둘의 차이는 식 (8.101)은 r 번째 성공이 관찰될 때까지의 실패의 횟수를 x로 취한 것이며 식 (8.102)은 r 번째 성공이 관찰될 때까지의 실행의 횟수를 x로 취한 것이다.

음이항분포를 따르는 난수는 분포의 정의에 의하여 r개의 기하분포의 합으로 계산될 수 있으므로 앞에서 본 기하분포의 난수를 r개 생성하여 그 합을 음이항분포에서의 난수로 취할 수 있다.

또 한가지 방법은 X와 Λ의 분포가

$$f_{X|\Lambda=\lambda} = \Pr[X = x|\lambda] = \frac{\lambda^x e^{-\lambda}}{x!}, \quad x = 0, 1, 2, \ldots \tag{8.103}$$

이고 Λ의 분포는 모수가 (α, β)인 감마분포, 즉

$$f_\Lambda(\lambda) = \frac{1}{\Gamma(\alpha)\beta^\alpha} \lambda^{\alpha-1} e^{-\lambda/\beta}, \quad \lambda > 0 \tag{8.104}$$

라 하면

$$
\begin{aligned}
\Pr[X=x] &= \int_0^\infty P[X=x|\lambda] f_\Lambda(\lambda) d\lambda \\
&= \frac{1}{\Gamma(\alpha)\beta^\alpha} \int_0^\infty \frac{\lambda^{\alpha-1} e^{-\lambda/\beta} \lambda^x e^{-\lambda}}{x!} d\lambda \\
&= \frac{1}{\Gamma(\alpha)\beta^\alpha} \int_0^\infty \frac{\lambda^{\alpha+x-1} e^{-\lambda(1+1/\beta)}}{x!} d\lambda \\
&= \frac{1}{\Gamma(\alpha)\beta^\alpha} \int_0^\infty \frac{(\beta+1)^{x+\alpha}}{\Gamma(x+\alpha)} \lambda^{x+\alpha-1} e^{-(\beta+1)\lambda} d\lambda \cdot \frac{\Gamma(x+\alpha)}{x!(\beta+1)^{x+\alpha}} \\
&= \begin{pmatrix} \alpha+x-1 \\ x \end{pmatrix} \Big(\frac{\beta}{\beta+1}\Big)^x \Big(\frac{1}{\beta+1}\Big)^\alpha \qquad (8.105)
\end{aligned}
$$

이다. 따라서 X의 분포는 $r=\alpha$, $p=1/(1+\beta)$인 음이항분포이다. 요약하면

1. 모수가 $(r, (1-p)/p)$인 감마분포에서 λ를 생성한다.
2. 모수가 λ인 포아송 분포로부터 X를 만들어 이를 취한다.

8.8.7. 초기하 분포

초기하분포는 앞에서 본 분포와 달리 비복원 추출이다. 즉 한 종류의 개수가 N_1개이고 전체 개수가 N개인 주머니에서 m개를 비복원 추출하였을 때 그 종류의 개수가 x개일 확률은

$$
f_X(x) = \frac{\begin{pmatrix} N_1 \\ x \end{pmatrix} \begin{pmatrix} N-N_1 \\ m-x \end{pmatrix}}{\begin{pmatrix} N \\ m \end{pmatrix}} \quad \max(0, N_1+m-N) \le x \le \min(N_1, m) \qquad (8.106)
$$

이다. 초기하 분포에서의 난수는 성공확률 p가 바뀌는 것 이외에는 베르누이 시행의 합으로 이항분포에서의 난수를 만드는 것에 다름이 없다. 즉 i번

째 난수를 만들려면

$$n_i = n_{i-1} - 1 \tag{8.107}$$

라 하고 $(n_0 = N)$ δ를 이전 시행에서의 성공 여부를 나타내는 변수라 할 때

$$p_i = \frac{n_{i-1}p_{i-1} - \delta}{n_{i-1} - 1} \tag{8.108}$$

를 계산하여 성공 확률이 $(p_0 = 1)$ p_i인 베르누이 시행에서의 난수를 m번 만들어 이들을 합하여 만든다.

8.9. 다항분포

$\boldsymbol{X} = (X_1, X_2, \ldots, X_k)^T$가 다항분포(multinomial distribution)를 갖는다 하자. 즉, $n = n_1 + n_2 + \cdots + n_k$이고 $p_1 + p_2 + \cdots + p_k = 1$일 때 $\boldsymbol{X}$의 확률밀도함수가

$$f_{\boldsymbol{X}}(\boldsymbol{x}) = \frac{n!}{x_1!x_2!\cdots x_k!} p_1^{x_1} p_2^{x_2} \cdots p_k^{x_k} \tag{8.109}$$

$$0 \leq x_1, x_2, \cdots x_k \leq n$$

로 주어진다. 연습문제 1.6에서 본 것처럼 X_i의 한계분포는 이항분포 $B(n, p_i)$이고 조건부 분포도 다음과 같은 이항분포이다.

$$\begin{aligned}
&X_1 \sim B(n, p_1) \\
&X_2|X_1 \sim B(n - x_1, p_2/(p_2 + p_3 + \cdots + p_k)) \\
&X_3|X_1, X_2 \sim B(n - x_1 - x_2, p_3/(p_3 + p_4 + \cdots + p_k)) \\
&\vdots \\
&X_{k-1}|X_1, X_2, \ldots, X_{k-2} \\
&\sim B(n - X_1 - X_2 - \cdots - X_{k-2}, p_{k-1}/(p_{k-1} + p_k)) \\
&X_k|X_1, X_2, \ldots, X_{k-2} \equiv n - X_1 - X_2 - \cdots - X_{k-1}
\end{aligned} \tag{8.110}$$

따라서 다항분포를 따르는 난수는

1. X_1을 $B(n, p_1)$에서 만든다.

2. $i = 2, 3, \ldots, k-1$일 때 $X_1 + X_2 + \cdots + X_{i-1} < n$ 이면 X_i를 $B(n - X_1 - X_2 - \cdots - X_{i-1}, p_i/(p_i + p_{i+1} + \cdots + p_k))$ 에서 만든다.

3. $i = 2, 3, \ldots, k-1$일 때 $X_1 + X_2 + \cdots + X_{i-1} = n$ 이면 $X_i = X_{i+1} = \cdots = X_k = 0$

8.10. 적합도 검정

어떤 알고리즘으로 만든 난수가 원래 만들고자 한 분포를 갖는지 검정해야 할 필요가 있다. 또 이 난수들이 서로 독립인지도 알아보아야 할 것이다. 이 절에서는 만들어진 난수가 목표한 분포를 갖는지 알아보는 통계적 추론 방법을 살펴보자.

8.10.1. 카이제곱 검정

카이제곱 적합도 검정은 귀무가설

$$H_0 : F_X(x) = F_0(x) \quad \text{모든 } x \tag{8.111}$$

에 대한 대립가설

$$H_0 : F_X(x) \neq F_0(x) \quad \text{확률이 0이 아닌 어떤 } x \tag{8.112}$$

의 검정 방법으로 전체 표본 공간을 겹치지 않는 k개의 분할(partition)로 나누어서 각 분할의 관측치의 개수가 실제 확률과 같은지 검정하는 방법이다. 확률변수 X가 k개의 분할에 속할 확률을 각각 p_i라 하고 i 번째 분할에서의 관측치의 개수를 N_i라 하면 $(i = 1, 2, \ldots, k)$ 검정통계량은

$$\chi^2 = \sum_{i=1}^{k} \frac{(N_i - Np_i)^2}{Np_i}, \quad N = \sum_{i=1}^{k} N_i \tag{8.113}$$

이고 이 값의 귀무가설 하에서의 분포는 근사적으로 자유도가 $k-1$인 카이제곱분포를 따른다. 따라서 $\chi^2 > \chi^2_{k-1;\alpha}$이면 귀무가설은 기각된다. 여기서 $\chi^2_{k-1;\alpha}$는 자유도가 $(k-1)$인 카이제곱분포의 $100(1-\alpha)\%$ 백분위수이다. 이 백분위 수는 표 A.4에 정리하였다. 이 표는 Splus로 계산한 값이다. 검정통계량 χ^2의 분포는 근사적인 분포이며 Np_i가 모두 5보다 크면 이 근사가 잘 맞는다는 것이 알려져 있다. 따라서 k개의 분할을 나눌 때 어떤 분할에 속할 확률이 지나치게 작거나 크면 검정통계량의 분포가 다를 수 있으므로 주의한다.

8.10.2. Kolmogorov-Smirnov 검정

이 검정은 표본 누적함수에 기초한 검정법이다. #를 개수수라고 하면, 먼저 표본분포함수는

$$F_N(x) = \frac{\#(X_i \le x)}{N} \tag{8.114}$$

로 정의한다. 즉, 전체 표본중에서 x보다 같거나 작은 관측치의 개수이다. 만일 X_i가 독립이고 분포함수가 $F_X(x)$이라면

$$\lim_{N\to\infty} \Pr[\sup_{-\infty<x<\infty} |F_N(x) - F_X(x)| > \epsilon] = 0 \tag{8.115}$$

임이 알려져 있다. 또한

$$D_N = \sup_{-\infty<x<\infty} |F_N(x) - F_X(x)| \tag{8.116}$$

이라고 하면

$$\Pr[\sqrt{N}D_N \le x] = \left[1 - 2\sum_{j=1}^{\infty}(-1)^j \exp\{-2j^2x^2\}\right] \equiv H(x) \tag{8.117}$$

이 성립하므로 검정통계량

$$\sqrt{N}D_N = \sqrt{N} \sup_{-\infty<x<\infty} |F_N(x) - F_X(x)| \tag{8.118}$$

의 근사 분포함수는 $H(x)$이다. 따라서 귀무가설 (식 (8.111))에 대한 대립가설 (식 (8.112))의 검정은 $\sqrt{N}D_N$이 x_α보다 크면 귀무가설을 기각하는 것이다. 여기서 x_α는 H의 $100(1-\alpha)\%$ 백분위수이다.

8.10.3. Cramer-von Mises 적합도 검정

주어진 난수 $X_1, X_2, \ldots, X_n$과 주어진 분포함수 F_0에 대해서 X_i들의 분포가 F_0인지 검정하는 방법으로 순서통계량을 이용하는 방법이 있다. 즉 다음과 같은 귀무가설

$$H_0 : F_X(x) = F_0(x) \tag{8.119}$$

에 대해 대립가설

$$H_1 : F_X(x) \neq F_0(x) \tag{8.120}$$

을 검정하는 통계량으로

$$C = \frac{1}{12n} + \sum_{i=1}^{n} \Big[F_0(X_{(i)}) - \frac{2i-1}{2n} \Big]^2 \tag{8.121}$$

을 사용하는 방법으로 Cramer와 von Mises의 통계이론에 기초한 방법이다. 이 때 결론은 검정통계량 C가 Anserson and Darling (1952)의 표에 주어진 기각역보다 크면 귀무가설을 기각하는 것이다.

8.10.4. Up-and Down 검정

앞의 검정 방법들은 모두 난수가 특정한 분포를 따르는지 알기 위한 검정으로 난수들이 독립적이지 못한 경우를 찾아낼 수가 없다. Up-and-Down 검정은 난수가 서로 독립인지 검정하는 방법으로 run 검정이라고 한다. run이란 어떤 수열에서 계속 커지거나(run-up) 계속 작아지는(run-down) 값들을

말하는데 예를 들어 순서가 다음과 같은 관측치

$$2, 4, 1, 3, 6, 7, 5$$

가 있으면 길이가 1인 run-up, 길이가 1인 run-down, 길이가 1인 run-up, 길이가 3인 run-up 및 길이가 1인 run-down으로 이루어져 있다. run-up이면 1, run-down이면 0인 이진수로 이를 표시하면

$$1\ 0\ 1\ 1\ 1\ 0$$

이 된다. Run의 통계적 분포를 알아보기 위해 순열에 대해 알아보자. 먼저

$$X_1 < X_2 < \cdots < X_n \tag{8.122}$$

을 생각해 보면 이들이 임의의 순서로 섞일 수 있는 모든 방법의 수는 $n!$이다. Run은

$$X_{i+1} - X_i$$

의 부호에 따라서 정해지는 것이므로 X_i들이 독립이고 같은 분포에서 관측되었다면 길이가 큰 run들이 많이 관측될 확률은 작을 것이다. 이러한 사실에 기초한 검정으로는 Levene and Wolfowitz (1944)와 Olmstead (1946)를 참고하기로 한다.

좀더 실제 사용에 편리한 방법으로 U를 전체 run의 개수라 할때

$$Z = \frac{U - (2n-1)/3}{\sqrt{(16n-29)/90}} \tag{8.123}$$

이 근사적인 정규분포를 갖는다는 사실을 이용하는 것이다. (Levine (1952).)

연습문제

8.1 X 가 연속인 확률변수이고 분포함수가 F라고 하면 $F(X)$의 분포는 $U(0,1)$ 임을 보여라.

8.2 일양분포 $U(0,1)$에서 10개의 난수를 만들기 위해서 다음 방법을 사용하였다.

(a) 주머니 속에 0부터 9 사이의 숫자를 넣고 임의로 하나의 숫자를 얻는다. 이를 x라 하자.

(b) 이제 $(0,1)$을 10등분하여 $0.0x, 0.1x, 0.2x, \ldots, 0.9x$로 10개의 난수를 얻는다. 예를 들어 x가 3이면 10개의 난수는 $0.03, 0.13, \ldots, 0.93$이 된다.

이 방법이 적당한지 판단하여라.

8.3 $\mathbf{\Sigma} = (\sigma_{ij})_{i=1,2,\ldots,p;j=1,2,\ldots,p}$ 일 때 $\boldsymbol{X}$ 가 다변량 정규분포 $N_p(\mathbf{0}, \mathbf{\Sigma})$를 따른다. 난수 $\boldsymbol{X}$를 다음의 순서로 만들어 보아라.

(a) X_1의 한계분포로 X_1을 만든다.

(b) $X_2|X_1$에서 X_2를 만든다.

(c) $X_3|X_1, X_2$에서 X_3를 만든다.

(d) 이 과정을 반복하여 $X_p|X_1, X_2 \ldots, X_{p-1}$에서 X_p를 만든다.

8.4 독립인 U_1과 U_2를 일양분포 $U(0,1)$로부터 얻어서 $V_1 = 2U_1 - 1$과 $V_2 = 2U_2 - 1$라 하고 Z_1과 Z_2를

$$Z_1 = V_1\sqrt{-2\frac{\log(V_1^2 + V_2^2)}{V_1^2 + V_2^2}}$$

과

$$Z_2 = V_2\sqrt{-2\frac{\log(V_1^2 + V_2^2)}{V_1^2 + V_2^2}}$$

로 두면 $V_1^2 + V_2^2 < 1$라는 조건하에서의 (Z_1, Z_2)의 분포는 독립인 표준정규분포이다. 즉,

$$f_{Z_1,Z_2|V_1^2+V_2^2<1}(z_1, z_2) = \frac{1}{2\pi}\exp\Big\{-\frac{z_1^2 + z_2^2}{2}\Big\} \qquad (8.124)$$

임을 보여라.

8.5 식 (8.44)에 준 확률 밀도함수가 식 (8.45)에 주어진 식임을 증명하여라.

8.6 식 (8.47)에 준 X의 분포가 Cauchy 분포임을 증명하여라.

제 9 장

Monte Carlo 적분

Monte Carlo라는 용어는 1940년대에 Los Alamos에서 핵무기를 연구하던 과학자들에 의해 처음 사용되었다. 이 방법은 우연의 법칙(games of chance)을 이용하여 어떤 현상이나 결과를 연구하는데 사용한다.

9.1. Hit or Miss Monte Carlo 알고리즘

피적분 함수 $g(x)$를 범위 (a,b)에서 적분하는 문제를 생각해 보자. 우리는 $x \in (a,b)$인 x에 대해 $0 \le g(x) \le c$로 유한하다고 가정하자. Ω를 그림 9.1에서 보는 사각형이라고 하면

$$\Omega = \{(x,y)|a \le x \le b,\ 0 \le y \le c\} \tag{9.1}$$

이다. 이제 (X,Y)를 결합확률밀도함수가

$$f_{XY}(x,y) = \frac{1}{c(b-a)}, \quad (x,y) \in \Omega \tag{9.2}$$

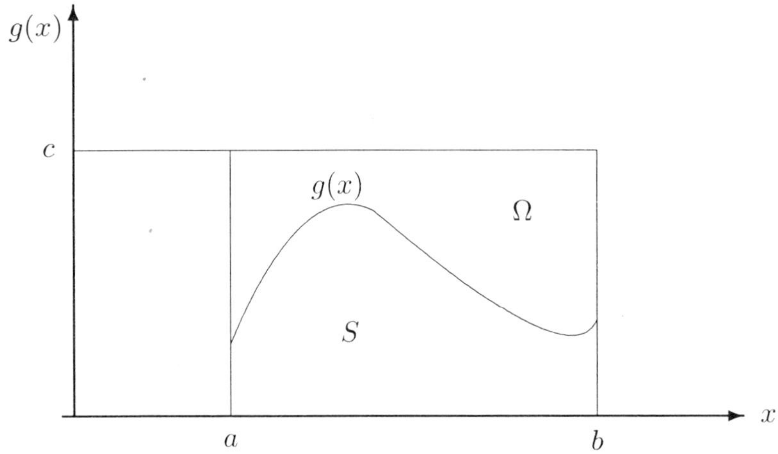

그림 9.1: Hit or Miss 알고리즘

인 확률벡터라고 하자. 이제 확률벡터 (X,Y)가 그림 9.1의 $g(x)$ 아래에 들어갈 확률 p를 생각해 보자. S를

$$S = \{(x,y)|y \leq g(x)\}$$

라 하면 $g(x)$의 아래쪽 면적이 S의 면적이고 따라서

$$g(x) \text{ 아래의 면적} = S\text{의 면적} = \int_a^b g(x)dx = I \tag{9.3}$$

임을 알 수 있다. 따라서

$$p = \frac{S\text{의 면적}}{\Omega\text{의 면적}} = \frac{\int_a^b g(x)dx}{c(b-a)} = \frac{I}{c(b-a)} \tag{9.4}$$

이다.

N개의 독립인 확률벡터를 $(X_1,Y_1),(X_2,Y_2),\ldots,(X_N,Y_N)$ 을 확률밀도 함수 (9.2)를 갖는다고 하고 N_H를 $g(X_i) \geq Y_i$인 관측치의 개수라 하면 N_H는 성공 또는 "Hit"의 개수이고 이는 그림 9.1의 S에 있는 관측치의 개수가 된

다. 따라서 p의 추정치 $\hat{p}$ 는

$$\hat{p} = \frac{N_H}{N} \tag{9.5}$$

이다. 따라서 식 (9.3)의 적분의 추정치는

$$I \approx \hat{I} = c(b-a)\hat{p} \tag{9.6}$$

가 된다. 이와 같은 방법을 Hit or Miss Monte Carlo라고 부른다.

식 (9.6)에서 본 추정치는

$$E[\hat{I}] = c(b-a)E[\hat{p}] = pc(b-a) = I \tag{9.7}$$

로 불편추정량이 되고 분산은

$$\mathrm{var}(\hat{p}) = \frac{1}{N}p(1-p) \tag{9.8}$$

이므로

$$\mathrm{var}(\hat{I}) = [c(b-a)]^2 \cdot \frac{1}{N}p(1-p) = \frac{I}{N}[c(b-a)-I] \tag{9.9}$$

가 된다.

N이 충분히 크면 근사적으로

$$\frac{\hat{I}-I}{\sqrt{I[c(b-a)-I]/N}} \sim N(0,1) \tag{9.10}$$

이므로 I의 $100(1-\alpha)\%$ 신뢰구간은 근사적으로

$$\left(\hat{I} - z_{\alpha/2}\frac{c(b-a)\sqrt{\hat{p}(1-\hat{p})}}{N}, \hat{I} - z_{\alpha/2}\frac{c(b-a)\sqrt{\hat{p}(1-\hat{p})}}{N}\right) \tag{9.11}$$

가 된다. 여기서 $z_{\alpha/2}$는 표준정규분포의 $100(1-\alpha/2)\%$ 백분위수이다.

이제 참값과 근사값의 차이가 충분히 작을 확률을 충분히 크게 하는 문

제를 생각해 보자. 즉, 주어진 β와 ϵ에 대해서

$$\Pr[|\hat{I} - I| < \epsilon] \geq \beta \tag{9.12}$$

이 되려면 얼마나 많은 N이 필요할지 알아보자. 체비세프(Chebychev) 부등식에 (식 (1.34) 참조.) 의하면

$$\Pr[|\hat{I} - I| < \epsilon] \geq 1 - \frac{\mathrm{var}(\hat{I})}{\epsilon^2} \tag{9.13}$$

이므로

$$\beta \leq 1 - \frac{\mathrm{var}(\hat{I})}{\epsilon^2} = 1 - \frac{p(1-p)[c(b-a)]^2}{N\epsilon^2} \tag{9.14}$$

이고 따라서 이를 N에 대해 풀면

$$N \geq \frac{p(1-p)[c(b-a)]^2}{(1-\beta)\epsilon^2} \tag{9.15}$$

이다. 여기서 p는 모르는 값이므로 $p(1-p)$가 $0 \leq p \leq 1$ 인 p에서 가질 수 있는 최대값인 1/4을 사용한다. 즉

$$N \geq \frac{[c(b-a)]^2}{4(1-\beta)\epsilon^2} \tag{9.16}$$

인 N을 취한다. Hit or Miss Monte Carlo 알고리즘은 요약하면 다음과 같다.

1. $U_1, U_2, \ldots, U_{2N}$을 독립인 $U(0,1)$에서 만든다.
2. $X_i = a + (b-a)U_{2i-1}$로 하여 $g(X_i)$를 계산한다.
3. $Y_i = cU_{2i}$를 얻어서 $g(X_i) \geq Y_i$의 개수를 구한다.
4. $c(b-a)\dfrac{N_H}{N}$를 구한다.

9.2. 평균 Monte Carlo 알고리즘

다음의 적분

$$I = \int_a^b g(x)dx \tag{9.17}$$

를 구하는 또 다른 방법으로 위의 적분을 기대값으로 나타내는 것이다. 즉, 어떤 확률변수 X의 확률밀도함수를 $f_X(x)$라 하였을 때

$$I = \int_a^b \frac{g(x)}{f_X(x)} f_X(x)dx = E\Big[\frac{g(X)}{f_X(X)}\Big] \tag{9.18}$$

를 계산하는 것이다. 가장 간단한 방법으로

$$f_X(x) = \frac{1}{b-a}, \quad a \le x \le b \tag{9.19}$$

라고 하면

$$E[g(X)] = \frac{I}{b-a} \tag{9.20}$$

이고 따라서

$$I = (b-a)E[g(X)] \tag{9.21}$$

이므로 표본 평균

$$\hat{I} = (b-a)\frac{1}{N}\sum_{i=1}^{N} g(X_i) \tag{9.22}$$

로 I를 추정한다. 이와 같은 방법으로 적분을 계산하는 것을 평균 Monte Carlo 알고리즘(sample mean Monte Carlo)이라고 한다. 이 때 $\hat{I}$는 I의 불편 추정량이며 분산 $\mathrm{var}(\hat{I})$는

$$\begin{aligned}\mathrm{var}(\hat{I}) &= \mathrm{var}\Big((b-a)\frac{1}{N}\sum_{i=1}^{N} g(X_i)\Big) \\ &= \frac{1}{N}\Big[(b-a)^2\int_a^b (g(x))^2 \frac{1}{b-a}dx - I^2\Big]\end{aligned}$$

$$= \frac{1}{N}\left[(b-a)\int_a^b (g(x))^2 dx - I^2\right] \tag{9.23}$$

이 된다. 요약하면

1. $U_1, U_2, \ldots, U_N$을 독립인 $U(0,1)$에서 만든다.

2. $X_i = a + (b-a)U_i$를 얻어서 $g(X_i)$를 계산한다.

3. 식 (9.22)에 주어진 평균 $\hat{I}$를 얻는다.

보기 9.1. 피적분함수 $g(x)$가

$$g(x) = \cos\frac{\pi}{2}x, \quad 0 \le x \le 1 \tag{9.24}$$

일 때 $\int_0^1 g(x)dx$를 구해보자. 이 적분의 값은 $2/\pi \approx 0.63662$이다. 제 9.1절에서 본 Hit or Miss Monte Carlo 방법을 사용하려면

$$\Omega = \{(x,y) | 0 \le x \le 1, 0 \le y \le 1\} \tag{9.25}$$

로 잡아서 $U_i \le \cos\left(\frac{\pi}{2}U_j\right)$인 개수를 계산하는 것이다. 다음의 Splus (Becker, Chambers and Wilks(1988)) 프로그램

```
tmp <- function(N) {
 x <- runif(N)
 y <- cos(pi*runif(N)/2)
 N.H <- sum(as.numeric(x <= y))
 I <- N.H/N
 list(I = I)
}
```

을 이용하여 이 값을 계산하면

```
[1] 0.659
```

```
> tmp(1000)
$I:
[1] 0.638
> tmp(1000)
$I:
[1] 0.631
> tmp(1000)
$I:
[1] 0.633
> tmp(1000)
$I:
[1] 0.664
> tmp(1000)
$I:
[1] 0.61
```

등을 얻어서 참값에 가까운 추정치를 얻을 수 있다. 이 절에서 본 표본평균 Monte Carlo 알고리즘을 적용하면 I의 추정치는 $\cos U_i$의 표본평균이므로 다음의 결과로 계산된다.

```
> sum(cos(pi*runif(1000)/2))/1000
[1] 0.6349338
> sum(cos(pi*runif(1000)/2))/1000
[1] 0.6389243
> sum(cos(pi*runif(1000)/2))/1000
[1] 0.6474313
> sum(cos(pi*runif(1000)/2))/1000
[1] 0.6226107
> sum(cos(pi*runif(1000)/2))/1000
[1] 0.649876
> sum(cos(pi*runif(1000)/2))/1000
[1] 0.633569
```

이 결과에 따르면 원하는 값은 대략 0.63 주변임을 알 수 있다.

9.3. 분산 줄이기

제 9.1절이나 제 9.2절에서 본 방법에 비해 추정치의 분산을 줄일 수 있는 몇 가지 알고리즘에 대해 알아보자.

9.3.1. Importance sampling

적분

$$I = \int g(x)dx, \quad x \in D \subset \mathbb{R}^n \tag{9.26}$$

를 얻고자 할 때 $f_X(x)$가 임의의 확률변수 X의 확률밀도함수일 때

$$I = \int \frac{g(x)}{f_X(x)} f_X(x)dx = E\Big[\frac{g(X)}{f_X(X)}\Big] \tag{9.27}$$

를 얻는 알고리즘을 Importance sampling이라고 한다. 9.2절에서 본 방법의 경우에는 모든 관측에 대해 똑같이 비중 $(1/N)$을 두는데 반해 이 방법은 중요한 부분에서는 비중을 더 주고 그렇지 않으면 비중을 덜 주는 알고리즘이다. 이 비중은 $f_X(x)$에 의해 결정된다. 여기서 $\tau = g(X)/f_X(X)$ 는 I에 대한 불편 추정량이며 τ의 분산은

$$\mathrm{var}(\tau) = \int \frac{g^2(x)}{f_X(x)}dx - I^2 \tag{9.28}$$

이다. $X_1, X_2, \ldots, X_N$이 독립이고 $f_X(x)$를 확률밀도함수로 갖는 확률변수일 때 I의 추정치 $\hat{I}$는

$$\hat{I} = \frac{1}{N}\sum_{i=1}^{N} \frac{g(X_i)}{f_X(X_i)} \tag{9.29}$$

를 사용한다.

이제 $f_X(x)$를 어떻게 얻어야 할 지 알아보자. $f_X(x)$는 식 (9.28)에 주어진 τ의 분산을 최소화 하는 것이 바람직하므로 언제 분산이 가장 작아지는지 알아보자.

정리 9.1. 추정치 τ의 분산 $\mathrm{var}(\tau)$의 최소값은

$$\left(\int |g(x)|dx\right)^2 - I^2 \tag{9.30}$$

이고 이는 $f_X(x)$가

$$f_X(x) = \frac{|g(x)|}{\int |g(x)|dx} \tag{9.31}$$

일 때 얻어진다.

증명: 연습문제 3에서 본 Cauchy-Schwartz 부등식에 의해

$$\begin{aligned} \left(\int |g(x)|dx\right)^2 - I^2 &= \left(\int \frac{|g(x)|}{\sqrt{f_X(x)}}\sqrt{f_X(x)}dx)\right)^2 - I^2 \\ &\le \int \frac{g^2(x)}{f_X(x)}dx \int f_X(x)dx - I^2 \\ &= \int \frac{g^2(x)}{f_X(x)}dx - I^2 = \mathrm{var}(\tau) \end{aligned} \tag{9.32}$$

이다.

이 정리는 사실상 쓸모가 없는 것이 최적의 $f_X(x)$를 얻기 위해 $\int g(x)dx$와 다름없는 $|g(x)|$의 적분을 필요로 한다는 것이다. 그러나 이 정리에 의하여 $f_X(x)$의 선택은 가능하면 $|g(x)|$에 비례하는 $f_X(x)$를 잡는 것이 좋다는 것을 얻을 수 있다.

보기 9.2. 앞에서 본

$$\int_0^1 \cos x dx \tag{9.33}$$

를 구하는 것을 생각해 보자. 0에서 전개하면

$$\cos x = 1 - \frac{x^2}{2} + \frac{x^4}{4!} + \cdots \tag{9.34}$$

이므로

$$f_X(x) = \frac{3}{2}(1 - x^2)$$

로 잡으면 식 (9.28)의 분산은 0.0009이고 평균 Monte Carlo를 이용하면 분산은 0.0947이다.

9.3.2. Antithetic 변수 사용

이 방법은 X와 Y가 강한 음의 상관관계를 가질 경우에

$$\mathrm{var}(X+Y) = \mathrm{var}(X) + \mathrm{var}(Y) + 2\mathrm{Cov}(X,Y) \tag{9.35}$$

가 되어서 독립인 경우에 비해 분산이 작아지는 것을 이용한 방법이다. 즉 적분

$$I = \int_0^1 g(x)dx \tag{9.36}$$

를 얻고자 할 때

$$I = \frac{1}{2}\int_0^1 g(x) + g(1-x)dx \tag{9.37}$$

를 계산하는 방법이다. 따라서 이 경우 9.2절의 방법을 그대로 확장하면

$$\hat{I} = \frac{1}{2N}\sum_{i=1}^{N}[g(U_i) + g(1-U_i)] \tag{9.38}$$

를 적분의 추정치로 사용하게 된다. 이 방법을 antitheic variates 방법이라고 부른다. 일반적인 경우로 이 방법을 확장하면

$$I = \int_{-\infty}^{\infty} g(x)f_X(x)dx \tag{9.39}$$

를 얻고자 할 때는

$$X_i = F_X^{-1}(U_i), \quad X_i' = F_X^{-1}(1-U_i) \tag{9.40}$$

를 얻어서

$$\hat{I} = \frac{1}{2N}\sum_{i=1}^{N}[g(X_i) + g(X_i')] \tag{9.41}$$

를 얻는다.

제 10 장

순차 배열과 순서 통계량

이 장에서는 벡터로 저장된 값을 순서대로 배열하는 방법에 대해 알아보자. 순서로 배열하는 알고리즘은 다양한 종류가 있으나 여기서는 간단하고 자주 사용하는 알고리즘에 대해 살펴보기로 한다. 이 장에서는 편의상 모든 순서화는 오름차순으로 하는 것으로 자료가 저장된 벡터는 a_1부터 a_n에 저장되어 있다고 가정한다.

10.1. Selection Sort

가장 단순한 알고리즘으로 먼저 배열 a_i $(1 \leq i \leq n)$의 값을 1부터 n중에서 가장 큰 값을 찾아서 a_n에 저장하고 나머지 중에서 가장 큰 값은 a_{n-1}, 그다음은 a_{n-1} 등으로 계속 반복하는 것이다. 그림 10.1에는 이 알고리즘에 의해서 배열되는 예를 도시하였다. 이 그림에서 사각형 안에 있는 숫자는 가장 큰 수로 선택된 수이고 굵은 글씨는 이미 오름차순으로 정리된 부분이다. 이 과정을 알고리즘으로 정리하면 다음과 같다.

알고리즘 10.1. (Selection Sort)

for $i = n$ downto 2 by 1

    for $j = 1$ to i

        if $(a_j > a_i)$ max_index $\leftarrow j$

초기 자료	89	45	48	[99]	47
첫번째 교환	[89]	45	48	47	**99**
두번째 교환	47	45	[48]	**89**	**99**
세번째 교환	[47]	45	**48**	**89**	**99**
네번째 교환	**45**	**47**	**48**	**89**	**99**

그림 10.1: Selction Sort

next j

$a_i \leftarrow a_{max\_index}$

next i

여기서 swap은 두 값을 바꾸는 함수이다.

이 알고리즘을 JAVA로 구현해 보면

```
void SelectionSort(int a[]) {
  int n = a.length-1;
  int maxindex;
  for (int i=n; i >= 1; i--) {
    maxindex = i;
    for (int j=0; j <=i; j++) {
      if (a[j] > a[maxindex]) maxindex = j;
    }
    swap(a, i , maxindex);
  }
}
```

이 될 수 있으며 이 프로그램의 수행 결과가 그림 10.1이다. 여기서 사용한 함수 swap은 두 값을 교환하는 함수이다.

> 참고: Selection sort에서는 한 번의 반복에서 가장 큰 값을 찾게 되는데 한 번의 반복에서 가장 큰 값과 가장 작은 값을 동시에 찾을 수 있으므로 이 사실을 이용하면 selection sort의 두배의 효율로 순서화 할 수 있다. 이를 double selection sort라고도 한다.

10.2. Bubble Sort

Bubble sort 또는 exchange sort라고 불리는 이 방법은 두 개의 인접한 관측치 a_i와 a_{i+1}을 비교하여 만일 $a_i > a_{i+1}$이면 두 값을 바꾸어 준다. (오름차순으로 배열하는 것으로 가정!) $(1 \le i \le n-1)$ 이렇게 한 번의 반복이 되면 가장 큰 것은 a_n에 저장되고 나머지 값들도 약간은 더 오름차순에 가깝게 된다. 이렇게 바꾸기를 계속하면 나중에는 모두 오름차순으로 정리된다. 이러한 반복은 최악의 경우가 아니면 $(n-1)$번까지 할 필요가 없기 때문에 각 반복 때마다 실제 자료의 교환이 일어났는지 확인하여 한 번도 교환이 일어나지 않았으면 중간에서 중단할 수 있다. 이 과정을 정리하면 다음의 알고리즘과 같다.

알고리즘 10.2. (Bubble Sort)

exchanged ← True

$i \leftarrow 1$

while(exchaned & $i < n$)

  exchanged ← False

  for $j = 1$ to $n - i$

    if $(a_j > a_{j+1})$ { swap(a_j, a_{j+1})

      exchaned ← True }

  next j

  $i++$

end { while }

여기서 swap은 두 값을 바꾸는 함수이다.

이 알고리즘을 JAVA로 구현해 보면

```
void BubbleSort(int a[]) {
  int pass = 1;
  boolean exchanged = true;
  while (exchanged && pass <= a.length) {
     exchanged = false;
```

첫째 반복					
초기 자료	89	45	48	99	47
첫번째 교환	45	89	48	99	47
두번째 교환	45	48	89	99	47
세번째 교환	45	48	89	99	47
네번째 교환	45	48	89	47	**99**
둘째 반복					
첫번째 교환	45	48	89	47	**99**
두번째 교환	45	48	89	47	**99**
세번째 교환	45	48	89	47	**99**
네번째 교환	45	48	47	**89**	**99**

그림 10.2: Bubble Sort

```
      for (int j=0; j< a.length-1; j++) {
        if (a[j] > a[j+1]) {
          swap(a, j, j+1);
          exchanged = true;
        }
      } // end of for
      pass++;
   }
}
```

이 될 수 있으며 이 프로그램의 수행 결과가 그림 10.2이다. 여기서 사용한 함수 swap은 두 값을 교환하는 함수이다.

10.3. Quick Sort

Quick sort는 recursive call을 사용하여 위의 두 방법보다는 효과적으로 순차적 정리가 가능한 알고리즘이다. 이 방법은 전체 배열을 두 부분으로 나누어서 한 쪽은 모두 특정한 값보다 작고 나머지는 모두 특정한 값보다 큰 값을 갖는 배열로 만들어서 각각의 부분에 대해서 다시 같은 알고리즘을 적용하는 알고리즘이다. 이 과정을 정리해 보면 다음의 알고리즘과 같다.

알고리즘 10.3. (Quick Sort)

QuickSort(a, b, e)

choose a pivot index p

Rearrange a such that $a_j < a_p$ for all $b \leq j < p$

Rearrange a such that $a_i \geq a_p$ for all $i < p \leq b$

QuickSort$(a; b, p - 1)$

QuickSort$(a, p + 1, e)$

이 알고리즘은 자기호출(recursive call; 재귀적 호출)이 지원되는 언어에서만 사용할 수 있으므로 FORTRAN77 등은 사용할 수 없다.

Pivot index의 선택에는 제한이 없으나 포인터가 지원되지 않는 랭위지를 사용할 때는 중간값을 선택하는 것도 한 방법이다. 다음은 Quick Sort를 JAVA로 구현해본 것이다.

```
void QuickSort(int a[], int lo0, int hi0) {
  int lo = lo0;
  int hi = hi0;
  int mid;

  if ( hi0 > lo0) {
     mid = a[ ( lo0 + hi0 ) / 2 ];
     while( lo <= hi ) {
       while( ( lo < hi0 ) && ( a[lo] < mid )) ++lo;
       while( ( hi > lo0 ) && ( a[hi] > mid )) --hi;
         if( lo <= hi ) {
          swap(a, lo, hi);
          ++lo;
          --hi;
         }
       }
       if( lo0 < hi ) QuickSort( a, lo0, hi );
       if( lo < hi0 ) QuickSort( a, lo, hi0 );
   }
}
private void swap(int a[], int i, int j) {
  int T;
```

호출	lo	hi	자료									
1	0	9	26	5	61	1	**37**	11	59	15	48	19
	3	8	26	5	19	1	**37**	11	59	15	48	61
	5	6	26	5	19	1	15	11	59	37	48	61
2	0	5	26	5	**19**	1	15	11	59	37	48	61
	1	4	11	5	**19**	1	15	26	59	37	48	61
	3	3	11	5	15	1	19	26	59	37	48	61
3	0	3	**11**	5	15	1	19	26	59	37	48	61
	1	2	1	5	15	11	19	26	59	37	48	61
4	2	3	1	5	**15**	11	19	26	59	37	48	61
5	4	5	1	5	11	15	**19**	26	59	37	48	61
6	6	9	1	5	11	15	19	26	59	**37**	48	61
7	7	9	1	5	11	15	19	26	37	**59**	48	61
8	8	9	1	5	11	15	19	26	37	48	59	61

그림 10.3: Quck Sort의 예

```
  T = a[i];
  a[i] = a[j];
  a[j] = T;
}
```

위의 프로그램은 Horowitz와 Sahni (1976)에 주어진 알고리즘을 그대로 구현한 것으로 다음의 자료

```
26 5 61 1 37 11 59 15 48 19
```

에 적용시켜보면 그 결과는 그림 10.3과 같다. 이 그림에서 보는 것처럼 처음 `QuickSort`를 호출할 때 37보다 작은 수는 모두 왼쪽으로(첨자 0–5) 같거나 큰 수는 모두 오른쪽에 (첨자 6–9) 배열하게 된다. 다음의 호출에서는 0부터 5사이에서 기준값 26보다 작은 것은 모두 왼쪽으로 (첨자 0–3) 같거나 큰 것은 모두 오른쪽으로(첨자 4–5) 배열시킨다. 이와 같은 호출을 반복하여 마지막은 전부 원하는 차순 배열이 된다. 이 그림에서 굵은 글씨는 기준값이며 밑줄은 교환될 값이다.

10.4. 비교

위의 세 알고리즘은 순서화할 원소의 개수가 n일때 평균적으로는 quick sort가 가장 빠른 것으로 알려져 있으며 반복의 횟수는 $O(n \log n)$이다. Selection sort와 bubble sort는 반복의 횟수를 살펴보면 $O(n^2)$임을 알 수 있다. 그러나 bubble sort는 중간에서 그 알고리즘이 중단될 수 있으므로 selection sort보다는 평균적으로는 나을 수 있다. quick sort도 최악의 경우에는 그 횟수가 $O(n^2)$이다.

10.5. 순서화와 순위 통계량

순위(rank)에 기초한 통계량, 예를 들어 Wilcoxon 통계량, Kruskal-Wallis 통계량 등을 계산하기 위해서는 원래 자료의 순위가 필요하다. 이 절에서는 원래 자료의 순위를 계산하는 방법에 대해서 알아보기로 하자. 한편으로는 오름 차순으로 순서화만 하고 나면 순위는 자동으로 1부터 n이 되긴 하지만 많은 순위 통계량이 원래자료는 관측된 순서대로 두고 순위만 얻고자 하기 때문에 이 방법에 대해 알아보자. 먼저 원래 자료를 $a_i (i = 1, 2, \ldots, n)$이라고 하고 추가로 $\text{order}_i = i$로 정의하자. 이제 a_i를 순서화하는 알고리즘을 적용할 때 발생하는 두 값을 교환(swap)하는 알고리즘에 a_i와 a_j를 교환할 때마다 order_i와 order_j도 교환하자. 예를 들어

a_i	5	9	3	7	15
order_i	1	2	3	4	5

을 a_i를 순서화 하면서 order_i도 바꾸어 주면 그 결과는

a_i	3	5	7	9	15
order_i	3	1	4	2	5

가 된다. 여기서 관찰할 수 있는 것은 a_i의 순위는 order_i와 일대일 대응 관계에 있고 그 관계는 다음과 같다.

$$\text{rank}(a_{\text{order}_i}) = i, \quad i = 1, 2 \ldots, n \tag{10.1}$$

이때의 order는 순서화 후의 order이다. 따라서 원래 자료의 순위는 다음과 같이 얻어진다.

1. 원래 자료와 order를 원래 자료의 순서에 따라 순서화 한다.
2. 원래 자료 a_i 의 순위는

   $$\text{rank}(a_{\text{order}_i}) = i, \qquad i = 1, 2, \ldots, n$$

   으로 얻는다.

의의 알고리즘을 적용하여 보면

a_i (순서화 전)	5	9	3	7	15
rank_i	2	4	1	3	5

으로 얻는다. 다음은 quick sort를 약간 변형하여 얻은 프로그램으로 순위를 출력한다.

```
public class Rank {
  public static void main(String args[]){
    SortAlgorithm sa = new SortAlgorithm();
    int[] x = {5,9,3,7,15};
    int[] order = {0,1,2,3,4};
    int[] rank = new int[x.length];
    System.out.println("Quick Sort");
    sa.QuickSort(x,order,0,x.length-1);
    for (int i=0; i< x.length;i++) rank[order[i]] = i+1;
    for (int i=0; i< x.length;i++)
                            System.out.print(rank[i]+"  ");
  }
}

class SortAlgorithm {

   void QuickSort(int a[], int order[], int lo0, int hi0) {
      int lo = lo0;
      int hi = hi0;
```

```
        int mid;

        if ( hi0 > lo0) {
           mid = a[ ( lo0 + hi0 ) / 2 ];
           while( lo <= hi ) {
              while( ( lo < hi0 ) && ( a[lo] < mid )) ++lo;
    while( ( hi > lo0 ) && ( a[hi] > mid )) --hi;
              if( lo <= hi ) {
                 swap(a, lo, hi);
                 swap(order, lo, hi);
                 ++lo;
                 --hi;
              }
           }
           if( lo0 < hi ) QuickSort( a, order, lo0, hi );
           if( lo < hi0 ) QuickSort( a, order, lo, hi0 );
        }
    }
    private void swap(int a[], int i, int j) {
        int T;
        T = a[i];
        a[i] = a[j];
        a[j] = T;
    }
}
```

연습문제

10.1 한 번의 반복에서 가장 큰값과 가장 작은 값을 동시에 찾는 Double selection sort의 알고리즘을 자주 사용하는 컴퓨터 언어로 구현해 보아라.

제 11 장

백분위수와 분포함수 구하기

특정한 분포에서 백분위와 분포함수를 구하는 문제는 통계학에서 자주 접하는 문제이다. 확률밀도함수를 $f(x)$라고 하면 분포함수 $F(x)$는

$$F(x) = \int_{-\infty}^{x} f(t)dt \tag{11.1}$$

이고 $100p$ 백분위수는

$$p = F(x_p) \tag{11.2}$$

를 만족하는 x_p이다. 따라서 기본적으로는 분포함수는 적분을 통해서 얻을 수 있고 백분위수는 고정점 알고리즘이나 뉴튼 방법 등으로 얻을 수 있다. 이 장에서는 이러한 개론적인 것 보다 통계학에서 자주 사용하는 분포에 대해서 분포함수와 백분위수를 얻는 방법에 대해서 알아보기로 한다.

11.1. 정규분포

표준 정규분포의 $100p$ 백분위수 z_p를 구하는 방법 중의 하나는 $p \in (10^{-20}, 0.5)$인 p에 대해 $y = [\log(1/p^2)]^{\frac{1}{2}}$를 구하여 z_p의 근사값

$$\hat{z}_p = y + \frac{(((yp_4 + p_3)y + p_2)y + p_1)y + p_0}{(((yq_4 + q_3)y + q_2)y + q_1)y + q_0} \tag{11.3}$$

를 계산하는 것이다. 이 알고리즘의 정밀도는 $|x_p - \hat{x}_p| < 10^{-7}$ 인 것으로 알려져 있다. 여기서 p_i와 q_i는 상수값으로

i	p_i	q_i
0	$-.322232431088$	$.0993484626060$
1	-1.0	$.588581570495$
2	$-.342242088547$	$.531103462366$
3	$-.0204231210245$	$.103537752850$
4	$-.453642210148 \times 10^{-4}$	$.38560700634 \times 10^{-2}$

이다. $p \in (0.5, 1)$인 p에 대해서는 $1-p$를 위의 식 (11.3)에 적용하여 얻는다.

11.2. t-분포

자유도가 ν인 $100p$ 백분위수를 t_p라고 하면 t_p의 근사값 $\hat{t}_p$는

$$\frac{\hat{t}_p^2}{\nu} = \frac{1}{z} + \frac{\nu+1}{\nu+2}\left[-1 + \frac{z}{2(\nu+4)} + \frac{z}{3(\nu+2)\left(\frac{\nu+6}{\nu z} - 0.822 - 0.089d\right)}\right] \quad (11.4)$$

을 $\hat{t}_p^2$에 대해 푼 것이다. 여기서

$$\begin{aligned} z &= (pd)^{2/\nu} \\ d &= \nu\left(\frac{a\pi}{2}\right)^{1/2}\left[1 - \frac{3}{b} + \frac{94.5}{b(b+c)}\right] \end{aligned} \quad (11.5)$$

이고, 식 a, b, c는 각각

$$\begin{aligned} a &= \left(\nu - \frac{1}{2}\right)^{-1} \\ b &= \frac{48}{a^2} \\ c &= 96.36 - 16a - 98a^2 + \frac{20700a^3}{b} \end{aligned}$$

이다. 이 알고리즘의 정밀도는 $\nu \geq 3$, $|t_p - \hat{t}_p| < 10^{-8}$ 인 것으로 알려져 있다.

11.3. F–분포

F–분포의 분위수와 누적확률은 불완전 베타 함수(incomplete beta function)를 이용하여 계산이 가능하다. F–분포의 자유도가 v_1, v_2일 때 누적확률밀도함수의 여수(餘數, complement)를 구하면

$$\begin{aligned} Q(f|v_1, v_2) &= P[f < F < \infty] \\ &= \frac{1}{B\left(\frac{v_1}{2}, \frac{v_2}{2}\right)} \int_f^{\infty} \left(\frac{v_1}{v_2}\right)^{\frac{v_1}{2}} x^{\frac{v_1}{2}-1} \left(1 + \frac{v_1}{v_2}x\right)^{-\frac{1}{2}(v_1+v_2)} dx \end{aligned}$$

이다. 위의 식을 불완전 베타 함수 형태로 변경하면

$$Q(f|v_1, v_2) = I_{\frac{v_2}{v_2+v_1 f}}\left(\frac{v_2}{2}, \frac{v_1}{2}\right) \tag{11.6}$$

이고, 함수 $Q(f|v_1, v_2)$의 극한값은

$$Q(0|v_1, v_2) = 1 \quad Q(1|v_1, v_2) = 0 \tag{11.7}$$

이다. F–분포의 분위수는 식 (11.7)을 t–분포에서 분위수를 구하는 방법과 동일하게 구한다.

11.4. 카이제곱(χ^2) 분포

카이제곱(χ^2) 분포는 감마 분포의 특별한 형태이다. 그래서 카이제곱(χ^2) 분포의 분위수와 누적확률은 불완전 감마 함수(incomplete gamma function)를

사용하여 계산할 수 있다. 불완전 감마 함수는

$$\begin{aligned} P(a,x) &= \frac{\gamma(a,x)}{\Gamma(a)} \\ &= \frac{1}{\Gamma(a)} \int_0^x e^{-t} t^{a-1} dt \quad (a > 0) \end{aligned} \tag{11.8}$$

이고, 극한값은

$$P(a,0) = 1 \quad P(a,\infty) = 0$$

이며, 함수 $P(a,x)$의 여수 $1 - P(a,x)$도 불완전 감마 함수로 사용되는데 그 식은

$$\begin{aligned} Q(a,x) &= 1 - P(a,x) \\ &= \frac{\Gamma(a,x)}{\Gamma(a)} \\ &= \frac{1}{\Gamma(a)} \int_x^\infty e^{-t} t^{a-1} dt \quad (a > 0) \end{aligned} \tag{11.9}$$

이고, 극한값은

$$Q(a,0) = 1 \quad Q(a,\infty) = 0$$

이다. 여기서 함수 $\gamma(a,x)$는 급수전개하면

$$\gamma(a,x) = e^{-x} x^a \sum_{n=0}^{\infty} \frac{\Gamma(a)}{\Gamma(a+1+n)} x^n$$

이 되고, 함수 $\Gamma(a,x)$도 연속된 분수 형태로 나타내면

$$\Gamma(a,x) = e^{-x} x^a \left(\frac{1}{x+} \frac{1-a}{1+} \frac{1}{x+} \frac{2-a}{1+} \frac{2}{x+} \cdots \right) \quad (x > 0)$$

이다. 카이제곱 분포의 분위수는 불완전 감마 함수인 식 (11.8), 식 (11.9)로부터

$$\begin{aligned} \chi_v^2(x_\alpha) &= P\left(\frac{v}{2}, \frac{x_\alpha}{2}\right) \\ \chi_v^2(x_{1-\alpha}) &= Q\left(\frac{v}{2}, \frac{x_{1-\alpha}}{2}\right) \end{aligned}$$

구한다.

부록 A

통계분포표

A.1. 각 분포의 분포표

표 A.1: $X \sim B(n, 1/2)$일 때 $\Pr[X \leq x]$ 확률

x	n											
	15	16	17	18	19	20	21	22	23	24	25	26
0	0.000	0.000	0.000	0.000	0.000	0.000	0.000	0.000	0.000	0.000	0.000	0.000
1	0.000	0.000	0.000	0.000	0.000	0.000	0.000	0.000	0.000	0.000	0.000	0.000
2	0.004	0.002	0.001	0.001	0.000	0.000	0.000	0.000	0.000	0.000	0.000	0.000
3	0.018	0.011	0.006	0.004	0.002	0.001	0.001	0.000	0.000	0.000	0.000	0.000
4	0.059	0.038	0.025	0.015	0.010	0.006	0.004	0.002	0.001	0.001	0.000	0.000
5	0.151	0.105	0.072	0.048	0.032	0.021	0.013	0.008	0.005	0.003	0.002	0.001
6	0.304	0.227	0.166	0.119	0.084	0.058	0.039	0.026	0.017	0.011	0.007	0.005
7	0.500	0.402	0.315	0.240	0.180	0.132	0.095	0.067	0.047	0.032	0.022	0.014
8	0.696	0.598	0.500	0.407	0.324	0.252	0.192	0.143	0.105	0.076	0.054	0.038
9	0.849	0.773	0.685	0.593	0.500	0.412	0.332	0.262	0.202	0.154	0.115	0.084
10	0.941	0.895	0.834	0.760	0.676	0.588	0.500	0.416	0.339	0.271	0.212	0.163
11	0.982	0.962	0.928	0.881	0.820	0.748	0.668	0.584	0.500	0.419	0.345	0.279
12	0.996	0.989	0.975	0.952	0.916	0.868	0.808	0.738	0.661	0.581	0.500	0.423
13	1.000	0.998	0.994	0.985	0.968	0.942	0.905	0.857	0.798	0.729	0.655	0.577
14	1.000	1.000	0.999	0.996	0.990	0.979	0.961	0.933	0.895	0.846	0.788	0.721
15	1.000	1.000	1.000	0.999	0.998	0.994	0.987	0.974	0.953	0.924	0.885	0.837
16		1.000	1.000	1.000	1.000	0.999	0.996	0.992	0.983	0.968	0.946	0.916
17			1.000	1.000	1.000	1.000	0.999	0.998	0.995	0.989	0.978	0.962
18				1.000	1.000	1.000	1.000	1.000	0.999	0.997	0.993	0.986
19					1.000	1.000	1.000	1.000	1.000	0.999	0.998	0.995
20						1.000	1.000	1.000	1.000	1.000	1.000	0.999
21							1.000	1.000	1.000	1.000	1.000	1.000
22								1.000	1.000	1.000	1.000	1.000
23									1.000	1.000	1.000	1.000
24										1.000	1.000	1.000
25											1.000	1.000
26												1.000

표 A.2: 표준정규분포 확률 $\Pr[Z > z_\alpha]$

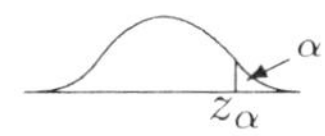

z_α	.00	.01	.02	.03	.04	.05	.06	.07	.08	.09
0.0	.5000	.4960	.4920	.4880	.4840	.4801	.4761	.4721	.4681	.4641
0.1	.4602	.4562	.4522	.4483	.4443	.4404	.4364	.4325	.4286	.4247
0.2	.4207	.4168	.4129	.4090	.4052	.4013	.3974	.3936	.3897	.3859
0.3	.3821	.3783	.3745	.3707	.3669	.3632	.3594	.3557	.3520	.3483
0.4	.3446	.3409	.3372	.3336	.3300	.3264	.3228	.3192	.3156	.3121
0.5	.3085	.3050	.3015	.2981	.2946	.2912	.2877	.2843	.2810	.2776
0.6	.2743	.2709	.2676	.2643	.2611	.2578	.2546	.2514	.2483	.2451
0.7	.2420	.2389	.2358	.2327	.2296	.2266	.2236	.2206	.2177	.2148
0.8	.2119	.2090	.2061	.2033	.2005	.1977	.1949	.1922	.1894	.1867
0.9	.1841	.1814	.1788	.1762	.1736	.1711	.1685	.1660	.1635	.1611
1.0	.1587	.1562	.1539	.1515	.1492	.1469	.1446	.1423	.1401	.1379
1.1	.1357	.1335	.1314	.1292	.1271	.1251	.1230	.1210	.1190	.1170
1.2	.1151	.1131	.1112	.1093	.1075	.1056	.1038	.1020	.1003	.0985
1.3	.0968	.0951	.0934	.0918	.0901	.0885	.0869	.0853	.0838	.0823
1.4	.0808	.0793	.0778	.0764	.0749	.0735	.0721	.0708	.0694	.0681
1.5	.0668	.0655	.0643	.0630	.0618	.0606	.0594	.0582	.0571	.0559
1.6	.0548	.0537	.0526	.0516	.0505	.0495	.0485	.0475	.0465	.0455
1.7	.0446	.0436	.0427	.0418	.0409	.0401	.0392	.0384	.0375	.0367
1.8	.0359	.0351	.0344	.0336	.0329	.0322	.0314	.0307	.0301	.0294
1.9	.0287	.0281	.0274	.0268	.0262	.0256	.0250	.0244	.0239	.0233
2.0	.0228	.0222	.0217	.0212	.0207	.0202	.0197	.0192	.0188	.0183
2.1	.0179	.0174	.0170	.0166	.0162	.0158	.0154	.0150	.0146	.0143
2.2	.0139	.0136	.0132	.0129	.0125	.0122	.0119	.0116	.0113	.0110
2.3	.0107	.0104	.0102	.0099	.0096	.0094	.0091	.0089	.0087	.0084
2.4	.0082	.0080	.0078	.0075	.0073	.0071	.0069	.0068	.0066	.0064
2.5	.0062	.0060	.0059	.0057	.0055	.0054	.0052	.0051	.0049	.0048
2.6	.0047	.0045	.0044	.0043	.0041	.0040	.0039	.0038	.0037	.0036
2.7	.0035	.0034	.0033	.0032	.0031	.0030	.0029	.0028	.0027	.0026
2.8	.0026	.0025	.0024	.0023	.0023	.0022	.0021	.0021	.0020	.0019
2.9	.0019	.0018	.0018	.0017	.0016	.0016	.0015	.0015	.0014	.0014
3.0	.0013	.0013	.0013	.0012	.0012	.0011	.0011	.0011	.0010	.0010

표 A.3: t 분포표; $\Pr[T > t_\alpha]$

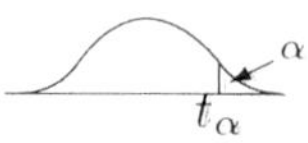

df	0.2	0.1	0.05	0.025	0.01	0.005	0.001	0.0005
1	1.3764	3.0777	6.3138	12.7062	31.8205	63.6567	318.3088	636.6192
2	1.0607	1.8856	2.9200	4.3027	6.9646	9.9248	22.3271	31.5991
3	0.9785	1.6377	2.3534	3.1824	4.5407	5.8409	10.2145	12.9240
4	0.9410	1.5332	2.1318	2.7764	3.7470	4.6041	7.1732	8.6103
5	0.9195	1.4759	2.0150	2.5706	3.3649	4.0322	5.8934	6.8688
6	0.9057	1.4398	1.9432	2.4469	3.1427	3.7074	5.2076	5.9588
7	0.8960	1.4149	1.8946	2.3646	2.9980	3.4995	4.7853	5.4079
8	0.8889	1.3968	1.8595	2.3060	2.8965	3.3554	4.5008	5.0413
9	0.8834	1.3830	1.8331	2.2622	2.8214	3.2498	4.2968	4.7809
10	0.8791	1.3722	1.8125	2.2281	2.7638	3.1693	4.1437	4.5869
11	0.8755	1.3634	1.7959	2.2010	2.7181	3.1058	4.0247	4.4370
12	0.8726	1.3562	1.7823	2.1788	2.6810	3.0545	3.9296	4.3178
13	0.8702	1.3502	1.7709	2.1604	2.6503	3.0123	3.8520	4.2208
14	0.8681	1.3450	1.7613	2.1448	2.6245	2.9768	3.7874	4.1405
15	0.8662	1.3406	1.7531	2.1314	2.6025	2.9467	3.7328	4.0728
16	0.8647	1.3368	1.7459	2.1199	2.5835	2.9208	3.6862	4.0150
17	0.8633	1.3334	1.7396	2.1098	2.5669	2.8982	3.6458	3.9651
18	0.8620	1.3304	1.7341	2.1009	2.5524	2.8784	3.6105	3.9216
19	0.8610	1.3277	1.7291	2.0930	2.5395	2.8609	3.5794	3.8834
20	0.8600	1.3253	1.7247	2.0860	2.5280	2.8453	3.5518	3.8495
21	0.8591	1.3232	1.7207	2.0796	2.5176	2.8314	3.5272	3.8193
22	0.8583	1.3212	1.7171	2.0739	2.5083	2.8188	3.5050	3.7921
23	0.8575	1.3195	1.7139	2.0687	2.4999	2.8073	3.4850	3.7676
24	0.8569	1.3178	1.7109	2.0639	2.4922	2.7969	3.4668	3.7454
25	0.8562	1.3163	1.7081	2.0595	2.4851	2.7874	3.4502	3.7251
26	0.8557	1.3150	1.7056	2.0555	2.4786	2.7787	3.4350	3.7066
27	0.8551	1.3137	1.7033	2.0518	2.4727	2.7707	3.4210	3.6896
28	0.8546	1.3125	1.7011	2.0484	2.4671	2.7633	3.4082	3.6739
29	0.8542	1.3114	1.6991	2.0452	2.4620	2.7564	3.3962	3.6594
30	0.8538	1.3104	1.6973	2.0423	2.4573	2.7500	3.3852	3.6460
40	0.8507	1.3031	1.6839	2.0211	2.4233	2.7045	3.3069	3.5510
50	0.8489	1.2987	1.6759	2.0086	2.4033	2.6778	3.2614	3.4960
100	0.8452	1.2901	1.6602	1.9840	2.3642	2.6259	3.1737	3.3905
∞	0.8416	1.2816	1.6449	1.9600	2.3263	2.5758	3.0902	3.2905

표 A.4: χ^2 분포표; $\Pr[X > \chi^2_\alpha]$

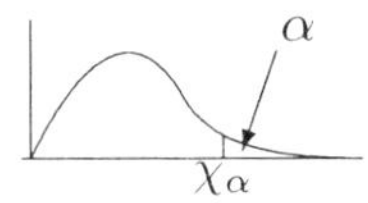

	α							
df	0.9995	0.999	0.995	0.99	0.975	0.95	0.900	0.800
1	0.000	0.000	0.000	0.000	0.001	0.004	0.016	0.064
2	0.001	0.002	0.010	0.020	0.051	0.103	0.211	0.446
3	0.015	0.024	0.072	0.115	0.216	0.352	0.584	1.005
4	0.064	0.091	0.207	0.297	0.484	0.711	1.064	1.649
5	0.158	0.210	0.412	0.554	0.831	1.145	1.610	2.343
6	0.299	0.381	0.676	0.872	1.237	1.635	2.204	3.070
7	0.485	0.598	0.989	1.239	1.690	2.167	2.833	3.822
8	0.710	0.857	1.344	1.646	2.180	2.733	3.490	4.594
9	0.972	1.152	1.735	2.088	2.700	3.325	4.168	5.380
10	1.265	1.479	2.156	2.558	3.247	3.940	4.865	6.179
11	1.587	1.834	2.603	3.053	3.816	4.575	5.578	6.989
12	1.934	2.214	3.074	3.571	4.404	5.226	6.304	7.807
13	2.305	2.617	3.565	4.107	5.009	5.892	7.042	8.634
14	2.697	3.041	4.075	4.660	5.629	6.571	7.790	9.467
15	3.108	3.483	4.601	5.229	6.262	7.261	8.547	10.307
16	3.536	3.942	5.142	5.812	6.908	7.962	9.312	11.152
17	3.980	4.416	5.697	6.408	7.564	8.672	10.085	12.002
18	4.439	4.905	6.265	7.015	8.231	9.390	10.865	12.857
19	4.912	5.407	6.844	7.633	8.907	10.117	11.651	13.716
20	5.398	5.921	7.434	8.260	9.591	10.851	12.443	14.578
21	5.896	6.447	8.034	8.897	10.283	11.591	13.240	15.445
22	6.404	6.983	8.643	9.542	10.982	12.338	14.041	16.314
23	6.924	7.529	9.260	10.196	11.689	13.091	14.848	17.187
24	7.453	8.085	9.886	10.856	12.401	13.848	15.659	18.062
25	7.991	8.649	10.520	11.524	13.120	14.611	16.473	18.940
26	8.538	9.222	11.160	12.198	13.844	15.379	17.292	19.820
27	9.093	9.803	11.808	12.879	14.573	16.151	18.114	20.703
28	9.656	10.391	12.461	13.565	15.308	16.928	18.939	21.588
29	10.227	10.986	13.121	14.256	16.047	17.708	19.768	22.475
30	10.804	11.588	13.787	14.953	16.791	18.493	20.599	23.364
40	16.906	17.916	20.707	22.164	24.433	26.509	29.051	32.345
50	23.461	24.674	27.991	29.707	32.357	34.764	37.689	41.449
60	30.340	31.738	35.534	37.485	40.482	43.188	46.459	50.641
70	37.467	39.036	43.275	45.442	48.758	51.739	55.329	59.898
80	44.791	46.520	51.172	53.540	57.153	60.391	64.278	69.207
100	59.896	61.918	67.328	70.065	74.222	77.929	82.358	87.945

표 A.5: χ^2 분포표; $\Pr[X > \chi^2_\alpha]$

df	α							
	0.200	0.100	0.050	0.025	0.010	0.005	0.001	0.0005
1	1.642	2.706	3.841	5.024	6.635	7.879	10.828	12.116
2	3.219	4.605	5.991	7.378	9.210	10.597	13.816	15.202
3	4.642	6.251	7.815	9.348	11.345	12.838	16.266	17.730
4	5.989	7.779	9.488	11.143	13.277	14.860	18.467	19.997
5	7.289	9.236	11.070	12.833	15.086	16.750	20.515	22.105
6	8.558	10.645	12.592	14.449	16.812	18.548	22.458	24.103
7	9.803	12.017	14.067	16.013	18.475	20.278	24.322	26.018
8	11.030	13.362	15.507	17.535	20.090	21.955	26.124	27.868
9	12.242	14.684	16.919	19.023	21.666	23.589	27.877	29.666
10	13.442	15.987	18.307	20.483	23.209	25.188	29.588	31.420
11	14.631	17.275	19.675	21.920	24.725	26.757	31.264	33.137
12	15.812	18.549	21.026	23.337	26.217	28.300	32.909	34.821
13	16.985	19.812	22.362	24.736	27.688	29.819	34.528	36.478
14	18.151	21.064	23.685	26.119	29.141	31.319	36.123	38.109
15	19.311	22.307	24.996	27.488	30.578	32.801	37.697	39.719
16	20.465	23.542	26.296	28.845	32.000	34.267	39.252	41.308
17	21.615	24.769	27.587	30.191	33.409	35.718	40.790	42.879
18	22.760	25.989	28.869	31.526	34.805	37.156	42.312	44.434
19	23.900	27.204	30.144	32.852	36.191	38.582	43.820	45.973
20	25.038	28.412	31.410	34.170	37.566	39.997	45.315	47.498
21	26.171	29.615	32.671	35.479	38.932	41.401	46.797	49.011
22	27.301	30.813	33.924	36.781	40.289	42.796	48.268	50.511
23	28.429	32.007	35.172	38.076	41.638	44.181	49.728	52.000
24	29.553	33.196	36.415	39.364	42.980	45.559	51.179	53.479
25	30.675	34.382	37.652	40.646	44.314	46.928	52.620	54.947
26	31.795	35.563	38.885	41.923	45.642	48.290	54.052	56.407
27	32.912	36.741	40.113	43.195	46.963	49.645	55.476	57.858
28	34.027	37.916	41.337	44.461	48.278	50.993	56.892	59.300
29	35.139	39.087	42.557	45.722	49.588	52.336	58.301	60.735
30	36.250	40.256	43.773	46.979	50.892	53.672	59.703	62.162
40	47.269	51.805	55.758	59.342	63.691	66.766	73.402	76.095
50	58.164	63.167	67.505	71.420	76.154	79.490	86.661	89.561
60	68.972	74.397	79.082	83.298	88.379	91.952	99.607	102.695
70	79.715	85.527	90.531	95.023	100.425	104.215	112.317	115.578
80	90.405	96.578	101.879	106.629	112.329	116.321	124.839	128.261
100	111.667	118.498	124.342	129.561	135.807	140.169	149.449	153.167

표 A.6: F 분포표; $F_{r_1,r_2;0.1}$ 값: $\Pr[F > F_{r_1,r_2;0.1}] = 0.1$

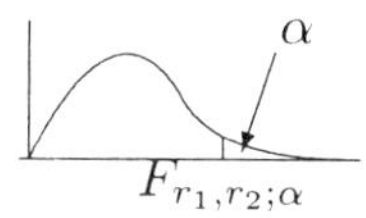

	분자 자유도(r_1)									
r_2	1	2	3	4	5	6	7	8	9	10
1	39.86	49.50	53.59	55.83	57.24	58.20	58.91	59.44	59.86	60.19
2	8.53	9.00	9.16	9.24	9.29	9.33	9.35	9.37	9.38	9.39
3	5.54	5.46	5.39	5.34	5.31	5.28	5.27	5.25	5.24	5.23
4	4.54	4.32	4.19	4.11	4.05	4.01	3.98	3.95	3.94	3.92
5	4.06	3.78	3.62	3.52	3.45	3.40	3.37	3.34	3.32	3.30
6	3.78	3.46	3.29	3.18	3.11	3.05	3.01	2.98	2.96	2.94
7	3.59	3.26	3.07	2.96	2.88	2.83	2.78	2.75	2.72	2.70
8	3.46	3.11	2.92	2.81	2.73	2.67	2.62	2.59	2.56	2.54
9	3.36	3.01	2.81	2.69	2.61	2.55	2.51	2.47	2.44	2.42
10	3.29	2.92	2.73	2.61	2.52	2.46	2.41	2.38	2.35	2.32
11	3.23	2.86	2.66	2.54	2.45	2.39	2.34	2.30	2.27	2.25
12	3.18	2.81	2.61	2.48	2.39	2.33	2.28	2.24	2.21	2.19
13	3.14	2.76	2.56	2.43	2.35	2.28	2.23	2.20	2.16	2.14
14	3.10	2.73	2.52	2.39	2.31	2.24	2.19	2.15	2.12	2.10
15	3.07	2.70	2.49	2.36	2.27	2.21	2.16	2.12	2.09	2.06
16	3.05	2.67	2.46	2.33	2.24	2.18	2.13	2.09	2.06	2.03
17	3.03	2.64	2.44	2.31	2.22	2.15	2.10	2.06	2.03	2.00
18	3.01	2.62	2.42	2.29	2.20	2.13	2.08	2.04	2.00	1.98
19	2.99	2.61	2.40	2.27	2.18	2.11	2.06	2.02	1.98	1.96
20	2.97	2.59	2.38	2.25	2.16	2.09	2.04	2.00	1.96	1.94
21	2.96	2.57	2.36	2.23	2.14	2.08	2.02	1.98	1.95	1.92
22	2.95	2.56	2.35	2.22	2.13	2.06	2.01	1.97	1.93	1.90
23	2.94	2.55	2.34	2.21	2.11	2.05	1.99	1.95	1.92	1.89
24	2.93	2.54	2.33	2.19	2.10	2.04	1.98	1.94	1.91	1.88
25	2.92	2.53	2.32	2.18	2.09	2.02	1.97	1.93	1.89	1.87
26	2.91	2.52	2.31	2.17	2.08	2.01	1.96	1.92	1.88	1.86
27	2.90	2.51	2.30	2.17	2.07	2.00	1.95	1.91	1.87	1.85
28	2.89	2.50	2.29	2.16	2.06	2.00	1.94	1.90	1.87	1.84
29	2.89	2.50	2.28	2.15	2.06	1.99	1.93	1.89	1.86	1.83
30	2.88	2.49	2.28	2.14	2.05	1.98	1.93	1.88	1.85	1.82
40	2.84	2.44	2.23	2.09	2.00	1.93	1.87	1.83	1.79	1.76
50	2.81	2.41	2.20	2.06	1.97	1.90	1.84	1.80	1.76	1.73
60	2.79	2.39	2.18	2.04	1.95	1.87	1.82	1.77	1.74	1.71
70	2.78	2.38	2.16	2.03	1.93	1.86	1.80	1.76	1.72	1.69
80	2.77	2.37	2.15	2.02	1.92	1.85	1.79	1.75	1.71	1.68
90	2.76	2.36	2.15	2.01	1.91	1.84	1.78	1.74	1.70	1.67
100	2.76	2.36	2.14	2.00	1.91	1.83	1.78	1.73	1.69	1.66
120	2.75	2.35	2.13	1.99	1.90	1.82	1.77	1.72	1.68	1.65

표 A.7: F 분포표; $F_{r_1,r_2;0.1}$ 값: $\Pr[F > F_{r_1,r_2;0.1}] = 0.1$

	분자 자유도(r_1)										
r_2	11	12	13	14	15	20	25	30	40	80	120
1	60.47	60.71	60.90	61.07	61.22	61.74	62.05	62.26	62.53	62.93	63.06
2	9.40	9.41	9.41	9.42	9.42	9.44	9.45	9.46	9.47	9.48	9.48
3	5.22	5.22	5.21	5.20	5.20	5.18	5.17	5.17	5.16	5.15	5.14
4	3.91	3.90	3.89	3.88	3.87	3.84	3.83	3.82	3.80	3.78	3.78
5	3.28	3.27	3.26	3.25	3.24	3.21	3.19	3.17	3.16	3.13	3.12
6	2.92	2.90	2.89	2.88	2.87	2.84	2.81	2.80	2.78	2.75	2.74
7	2.68	2.67	2.65	2.64	2.63	2.59	2.57	2.56	2.54	2.50	2.49
8	2.52	2.50	2.49	2.48	2.46	2.42	2.40	2.38	2.36	2.33	2.32
9	2.40	2.38	2.36	2.35	2.34	2.30	2.27	2.25	2.23	2.20	2.18
10	2.30	2.28	2.27	2.26	2.24	2.20	2.17	2.16	2.13	2.09	2.08
11	2.23	2.21	2.19	2.18	2.17	2.12	2.10	2.08	2.05	2.01	2.00
12	2.17	2.15	2.13	2.12	2.10	2.06	2.03	2.01	1.99	1.95	1.93
13	2.12	2.10	2.08	2.07	2.05	2.01	1.98	1.96	1.93	1.89	1.88
14	2.07	2.05	2.04	2.02	2.01	1.96	1.93	1.91	1.89	1.84	1.83
15	2.04	2.02	2.00	1.99	1.97	1.92	1.89	1.87	1.85	1.80	1.79
16	2.01	1.99	1.97	1.95	1.94	1.89	1.86	1.84	1.81	1.77	1.75
17	1.98	1.96	1.94	1.93	1.91	1.86	1.83	1.81	1.78	1.74	1.72
18	1.95	1.93	1.92	1.90	1.89	1.84	1.80	1.78	1.75	1.71	1.69
19	1.93	1.91	1.89	1.88	1.86	1.81	1.78	1.76	1.73	1.68	1.67
20	1.91	1.89	1.87	1.86	1.84	1.79	1.76	1.74	1.71	1.66	1.64
21	1.90	1.87	1.86	1.84	1.83	1.78	1.74	1.72	1.69	1.64	1.62
22	1.88	1.86	1.84	1.83	1.81	1.76	1.73	1.70	1.67	1.62	1.60
23	1.87	1.84	1.83	1.81	1.80	1.74	1.71	1.69	1.66	1.61	1.59
24	1.85	1.83	1.81	1.80	1.78	1.73	1.70	1.67	1.64	1.59	1.57
25	1.84	1.82	1.80	1.79	1.77	1.72	1.68	1.66	1.63	1.58	1.56
26	1.83	1.81	1.79	1.77	1.76	1.71	1.67	1.65	1.61	1.56	1.54
27	1.82	1.80	1.78	1.76	1.75	1.70	1.66	1.64	1.60	1.55	1.53
28	1.81	1.79	1.77	1.75	1.74	1.69	1.65	1.63	1.59	1.54	1.52
29	1.80	1.78	1.76	1.75	1.73	1.68	1.64	1.62	1.58	1.53	1.51
30	1.79	1.77	1.75	1.74	1.72	1.67	1.63	1.61	1.57	1.52	1.50
40	1.74	1.71	1.70	1.68	1.66	1.61	1.57	1.54	1.51	1.45	1.42
50	1.70	1.68	1.66	1.64	1.63	1.57	1.53	1.50	1.46	1.40	1.38
60	1.68	1.66	1.64	1.62	1.60	1.54	1.50	1.48	1.44	1.37	1.35
70	1.66	1.64	1.62	1.60	1.59	1.53	1.49	1.46	1.42	1.35	1.32
80	1.65	1.63	1.61	1.59	1.57	1.51	1.47	1.44	1.40	1.33	1.31
90	1.64	1.62	1.60	1.58	1.56	1.50	1.46	1.43	1.39	1.32	1.29
100	1.64	1.61	1.59	1.57	1.56	1.49	1.45	1.42	1.38	1.31	1.28
120	1.63	1.60	1.58	1.56	1.55	1.48	1.44	1.41	1.37	1.29	1.26

표 A.8: F 분포표; $F_{r_1,r_2;0.05}$ 값: $\Pr[F > F_{r_1,r_2;0.05}] = 0.05$

	분자 자유도(r_1)									
r_2	1	2	3	4	5	6	7	8	9	10
1	161.5	199.5	215.7	224.6	230.2	233.0	236.8	238.9	240.5	241.98
2	18.51	19.00	19.16	19.25	19.30	19.33	19.35	19.37	19.38	19.40
3	10.13	9.55	9.28	9.12	9.01	8.94	8.89	8.85	8.81	8.79
4	7.71	6.94	6.59	6.39	6.26	6.16	6.09	6.04	6.00	5.96
5	6.61	5.79	5.41	5.19	5.05	4.95	4.88	4.82	4.77	4.74
6	5.99	5.14	4.76	4.53	4.39	4.28	4.21	4.15	4.10	4.06
7	5.59	4.74	4.35	4.12	3.97	3.87	3.79	3.73	3.68	3.64
8	5.32	4.46	4.07	3.84	3.69	3.58	3.50	3.44	3.39	3.35
9	5.12	4.26	3.86	3.63	3.48	3.37	3.29	3.23	3.18	3.14
10	4.96	4.10	3.71	3.48	3.33	3.22	3.14	3.07	3.02	2.98
11	4.84	3.98	3.59	3.36	3.20	3.09	3.01	2.95	2.90	2.85
12	4.75	3.89	3.49	3.26	3.11	3.00	2.91	2.85	2.80	2.75
13	4.67	3.81	3.41	3.18	3.03	2.92	2.83	2.77	2.71	2.67
14	4.60	3.74	3.34	3.11	2.96	2.85	2.76	2.70	2.65	2.60
15	4.54	3.68	3.29	3.06	2.90	2.79	2.71	2.64	2.59	2.54
16	4.49	3.63	3.24	3.01	2.85	2.74	2.66	2.59	2.54	2.49
17	4.45	3.59	3.20	2.96	2.81	2.70	2.61	2.55	2.49	2.45
18	4.41	3.55	3.16	2.93	2.77	2.66	2.58	2.51	2.46	2.41
19	4.38	3.52	3.13	2.90	2.74	2.63	2.54	2.48	2.42	2.38
20	4.35	3.49	3.10	2.87	2.71	2.60	2.51	2.45	2.39	2.35
21	4.32	3.47	3.07	2.84	2.68	2.57	2.49	2.42	2.37	2.32
22	4.30	3.44	3.05	2.82	2.66	2.55	2.46	2.40	2.34	2.30
23	4.28	3.42	3.03	2.80	2.64	2.53	2.44	2.37	2.32	2.27
24	4.26	3.40	3.01	2.78	2.62	2.51	2.42	2.36	2.30	2.25
25	4.24	3.39	2.99	2.76	2.60	2.49	2.40	2.34	2.28	2.24
26	4.23	3.37	2.98	2.74	2.59	2.47	2.39	2.32	2.27	2.22
27	4.21	3.35	2.96	2.73	2.57	2.46	2.37	2.31	2.25	2.20
28	4.20	3.34	2.95	2.71	2.56	2.45	2.36	2.29	2.24	2.19
29	4.18	3.33	2.93	2.70	2.55	2.43	2.35	2.28	2.22	2.18
30	4.17	3.32	2.92	2.69	2.53	2.42	2.33	2.27	2.21	2.16
40	4.08	3.23	2.84	2.61	2.45	2.34	2.25	2.18	2.12	2.08
50	4.03	3.18	2.79	2.56	2.40	2.29	2.20	2.13	2.07	2.03
60	4.00	3.15	2.76	2.53	2.37	2.25	2.17	2.10	2.04	1.99
70	3.98	3.13	2.74	2.50	2.35	2.23	2.14	2.07	2.02	1.97
80	3.96	3.11	2.72	2.49	2.33	2.21	2.13	2.06	2.00	1.95
90	3.95	3.10	2.71	2.47	2.32	2.20	2.11	2.04	1.99	1.94
100	3.94	3.09	2.70	2.46	2.31	2.19	2.10	2.03	1.97	1.93
120	3.92	3.07	2.68	2.45	2.29	2.18	2.09	2.02	1.96	1.91

표 A.9: F 분포표; $F_{r_1,r_2;0.05}$ 값: $\Pr[F > F_{r_1,r_2;0.05}] = 0.05$

	분자 자유도(r_1)										
r_2	11	12	13	14	15	20	25	30	40	80	120
1	243.0	243.9	244.7	245.4	246.0	248.0	249.3	250.1	251.1	252.7	253.3
2	19.40	19.41	19.42	19.42	19.43	19.45	19.46	19.46	19.47	19.48	19.49
3	8.76	8.74	8.73	8.71	8.70	8.66	8.63	8.62	8.59	8.56	8.55
4	5.94	5.91	5.89	5.87	5.86	5.80	5.77	5.75	5.72	5.67	5.66
5	4.70	4.68	4.66	4.64	4.62	4.56	4.52	4.50	4.46	4.41	4.40
6	4.03	4.00	3.98	3.96	3.94	3.87	3.83	3.81	3.77	3.72	3.70
7	3.60	3.57	3.55	3.53	3.51	3.44	3.40	3.38	3.34	3.29	3.27
8	3.31	3.28	3.26	3.24	3.22	3.15	3.11	3.08	3.04	2.99	2.97
9	3.10	3.07	3.05	3.03	3.01	2.94	2.89	2.86	2.83	2.77	2.75
10	2.94	2.91	2.89	2.86	2.85	2.77	2.73	2.70	2.66	2.60	2.58
11	2.82	2.79	2.76	2.74	2.72	2.65	2.60	2.57	2.53	2.47	2.45
12	2.72	2.69	2.66	2.64	2.62	2.54	2.50	2.47	2.43	2.36	2.34
13	2.63	2.60	2.58	2.55	2.53	2.46	2.41	2.38	2.34	2.27	2.25
14	2.57	2.53	2.51	2.48	2.46	2.39	2.34	2.31	2.27	2.20	2.18
15	2.51	2.48	2.45	2.42	2.40	2.33	2.28	2.25	2.20	2.14	2.11
16	2.46	2.42	2.40	2.37	2.35	2.28	2.23	2.19	2.15	2.08	2.06
17	2.41	2.38	2.35	2.33	2.31	2.23	2.18	2.15	2.10	2.03	2.01
18	2.37	2.34	2.31	2.29	2.27	2.19	2.14	2.11	2.06	1.99	1.97
19	2.34	2.31	2.28	2.26	2.23	2.16	2.11	2.07	2.03	1.96	1.93
20	2.31	2.28	2.25	2.22	2.20	2.12	2.07	2.04	1.99	1.92	1.90
21	2.28	2.25	2.22	2.20	2.18	2.10	2.05	2.01	1.96	1.89	1.87
22	2.26	2.23	2.20	2.17	2.15	2.07	2.02	1.98	1.94	1.86	1.84
23	2.24	2.20	2.18	2.15	2.13	2.05	2.00	1.96	1.91	1.84	1.81
24	2.22	2.18	2.15	2.13	2.11	2.03	1.97	1.94	1.89	1.82	1.79
25	2.20	2.16	2.14	2.11	2.09	2.01	1.96	1.92	1.87	1.80	1.77
26	2.18	2.15	2.12	2.09	2.07	1.99	1.94	1.90	1.85	1.78	1.75
27	2.17	2.13	2.10	2.08	2.06	1.97	1.92	1.88	1.84	1.76	1.73
28	2.15	2.12	2.09	2.06	2.04	1.96	1.91	1.87	1.82	1.74	1.71
29	2.14	2.10	2.08	2.05	2.03	1.94	1.89	1.85	1.81	1.73	1.70
30	2.13	2.09	2.06	2.04	2.01	1.93	1.88	1.84	1.79	1.71	1.68
40	2.04	2.00	1.97	1.95	1.92	1.84	1.78	1.74	1.69	1.61	1.58
50	1.99	1.95	1.92	1.89	1.87	1.78	1.73	1.69	1.63	1.54	1.51
60	1.95	1.92	1.89	1.86	1.84	1.75	1.69	1.65	1.59	1.50	1.47
70	1.93	1.89	1.86	1.84	1.81	1.72	1.66	1.62	1.57	1.47	1.44
80	1.91	1.88	1.84	1.82	1.79	1.70	1.64	1.60	1.54	1.45	1.41
90	1.90	1.86	1.83	1.80	1.78	1.69	1.63	1.59	1.53	1.43	1.39
100	1.89	1.85	1.82	1.79	1.77	1.68	1.62	1.57	1.52	1.41	1.38
120	1.87	1.83	1.80	1.78	1.75	1.66	1.60	1.55	1.50	1.39	1.35

표 A.10: F 분포표; $F_{r_1,r_2;0.025}$ 값: $\Pr[F > F_{r_1,r_2;0.025}] = 0.025$

	분자 자유도(r_1)									
r_2	1	2	3	4	5	6	7	8	9	10
1	647.79	799.50	864.16	899.58	921.85	937.11	948.22	956.66	963.28	968.63
2	38.51	39.00	39.17	39.25	39.30	39.33	39.36	39.37	39.39	39.40
3	17.44	16.04	15.44	15.10	14.88	14.73	14.62	14.54	14.47	14.42
4	12.22	10.65	9.98	9.60	9.36	9.20	9.07	8.98	8.90	8.84
5	10.01	8.43	7.76	7.39	7.15	6.98	6.85	6.76	6.68	6.62
6	8.81	7.26	6.60	6.23	5.99	5.82	5.70	5.60	5.52	5.46
7	8.07	6.54	5.89	5.52	5.29	5.12	4.99	4.90	4.82	4.76
8	7.57	6.06	5.42	5.05	4.82	4.65	4.53	4.43	4.36	4.30
9	7.21	5.71	5.08	4.72	4.48	4.32	4.20	4.10	4.03	3.96
10	6.94	5.46	4.83	4.47	4.24	4.07	3.95	3.85	3.78	3.72
11	6.72	5.26	4.63	4.28	4.04	3.88	3.76	3.66	3.59	3.53
12	6.55	5.10	4.47	4.12	3.89	3.73	3.61	3.51	3.44	3.37
13	6.41	4.97	4.35	4.00	3.77	3.60	3.48	3.39	3.31	3.25
14	6.30	4.86	4.24	3.89	3.66	3.50	3.38	3.29	3.21	3.15
15	6.20	4.77	4.15	3.80	3.58	3.41	3.29	3.20	3.12	3.06
16	6.12	4.69	4.08	3.73	3.50	3.34	3.22	3.12	3.05	2.99
17	6.04	4.62	4.01	3.66	3.44	3.28	3.16	3.06	2.98	2.92
18	5.98	4.56	3.95	3.61	3.38	3.22	3.10	3.01	2.93	2.87
19	5.92	4.51	3.90	3.56	3.33	3.17	3.05	2.96	2.88	2.82
20	5.87	4.46	3.86	3.51	3.29	3.13	3.01	2.91	2.84	2.77
21	5.83	4.42	3.82	3.48	3.25	3.09	2.97	2.87	2.80	2.73
22	5.79	4.38	3.78	3.44	3.22	3.05	2.93	2.84	2.76	2.70
23	5.75	4.35	3.75	3.41	3.18	3.02	2.90	2.81	2.73	2.67
24	5.72	4.32	3.72	3.38	3.15	2.99	2.87	2.78	2.70	2.64
25	5.69	4.29	3.69	3.35	3.13	2.97	2.85	2.75	2.68	2.61
26	5.66	4.27	3.67	3.33	3.10	2.94	2.82	2.73	2.65	2.59
27	5.63	4.24	3.65	3.31	3.08	2.92	2.80	2.71	2.63	2.57
28	5.61	4.22	3.63	3.29	3.06	2.90	2.78	2.69	2.61	2.55
29	5.59	4.20	3.61	3.27	3.04	2.88	2.76	2.67	2.59	2.53
30	5.57	4.18	3.59	3.25	3.03	2.87	2.75	2.65	2.57	2.51
40	5.42	4.05	3.46	3.13	2.90	2.74	2.62	2.53	2.45	2.39
50	5.34	3.97	3.39	3.05	2.83	2.67	2.55	2.46	2.38	2.32
60	5.29	3.93	3.34	3.01	2.79	2.63	2.51	2.41	2.33	2.27
70	5.25	3.89	3.31	2.97	2.75	2.59	2.47	2.38	2.30	2.24
80	5.22	3.86	3.28	2.95	2.73	2.57	2.45	2.35	2.28	2.21
90	5.20	3.84	3.26	2.93	2.71	2.55	2.43	2.34	2.26	2.19
100	5.18	3.83	3.25	2.92	2.70	2.54	2.42	2.32	2.24	2.18
120	5.15	3.80	3.23	2.89	2.67	2.52	2.39	2.30	2.22	2.16

표 A.11: F 분포표; $F_{r_1,r_2;0.025}$ 값: $\Pr[F > F_{r_1,r_2;0.025}] = 0.025$

	분자 자유도(r_1)										
	11	12	13	14	15	20	25	30	40	80	120
1	973.0	976.7	979.8	982.5	984.9	993.1	998.1	1001.4	1005.6	1011.9	1014.0
2	39.41	39.41	39.42	39.43	39.43	39.45	39.46	39.46	39.47	39.49	39.49
3	14.37	14.34	14.30	14.28	14.25	14.17	14.12	14.08	14.04	13.97	13.95
4	8.79	8.75	8.71	8.68	8.66	8.56	8.50	8.46	8.41	8.33	8.31
5	6.57	6.52	6.49	6.46	6.43	6.33	6.27	6.23	6.18	6.10	6.07
6	5.41	5.37	5.33	5.30	5.27	5.17	5.11	5.07	5.01	4.93	4.90
7	4.71	4.67	4.63	4.60	4.57	4.47	4.40	4.36	4.31	4.23	4.20
8	4.24	4.20	4.16	4.13	4.10	4.00	3.94	3.89	3.84	3.76	3.73
9	3.91	3.87	3.83	3.80	3.77	3.67	3.60	3.56	3.51	3.42	3.39
10	3.66	3.62	3.58	3.55	3.52	3.42	3.35	3.31	3.26	3.17	3.14
11	3.47	3.43	3.39	3.36	3.33	3.23	3.16	3.12	3.06	2.97	2.94
12	3.32	3.28	3.24	3.21	3.18	3.07	3.01	2.96	2.91	2.82	2.79
13	3.20	3.15	3.12	3.08	3.05	2.95	2.88	2.84	2.78	2.69	2.66
14	3.09	3.05	3.01	2.98	2.95	2.84	2.78	2.73	2.67	2.58	2.55
15	3.01	2.96	2.92	2.89	2.86	2.76	2.69	2.64	2.59	2.49	2.46
16	2.93	2.89	2.85	2.82	2.79	2.68	2.61	2.57	2.51	2.42	2.38
17	2.87	2.82	2.79	2.75	2.72	2.62	2.55	2.50	2.44	2.35	2.32
18	2.81	2.77	2.73	2.70	2.67	2.56	2.49	2.44	2.38	2.29	2.26
19	2.76	2.72	2.68	2.65	2.62	2.51	2.44	2.39	2.33	2.24	2.20
20	2.72	2.68	2.64	2.60	2.57	2.46	2.40	2.35	2.29	2.19	2.16
21	2.68	2.64	2.60	2.56	2.53	2.42	2.36	2.31	2.25	2.15	2.11
22	2.65	2.60	2.56	2.53	2.50	2.39	2.32	2.27	2.21	2.11	2.08
23	2.62	2.57	2.53	2.50	2.47	2.36	2.29	2.24	2.18	2.08	2.04
24	2.59	2.54	2.50	2.47	2.44	2.33	2.26	2.21	2.15	2.05	2.01
25	2.56	2.51	2.48	2.44	2.41	2.30	2.23	2.18	2.12	2.02	1.98
26	2.54	2.49	2.45	2.42	2.39	2.28	2.21	2.16	2.09	1.99	1.95
27	2.51	2.47	2.43	2.39	2.36	2.25	2.18	2.13	2.07	1.97	1.93
28	2.49	2.45	2.41	2.37	2.34	2.23	2.16	2.11	2.05	1.94	1.91
29	2.48	2.43	2.39	2.36	2.32	2.21	2.14	2.09	2.03	1.92	1.89
30	2.46	2.41	2.37	2.34	2.31	2.20	2.12	2.07	2.01	1.90	1.87
40	2.33	2.29	2.25	2.21	2.18	2.07	1.99	1.94	1.88	1.76	1.72
50	2.26	2.22	2.18	2.14	2.11	1.99	1.92	1.87	1.80	1.68	1.64
60	2.22	2.17	2.13	2.09	2.06	1.94	1.87	1.82	1.74	1.63	1.58
70	2.18	2.14	2.10	2.06	2.03	1.91	1.83	1.78	1.71	1.59	1.54
80	2.16	2.11	2.07	2.03	2.00	1.88	1.81	1.75	1.68	1.55	1.51
90	2.14	2.09	2.05	2.02	1.98	1.86	1.79	1.73	1.66	1.53	1.48
100	2.12	2.08	2.04	2.00	1.97	1.85	1.77	1.71	1.64	1.51	1.46
120	2.10	2.05	2.01	1.98	1.94	1.82	1.75	1.69	1.61	1.48	1.43

부록 B

연습문제 해답

1.5 고유치는 $\lambda_1 = 5$, $\lambda_2 = 1$이며 고유벡터는 각각

$$\boldsymbol{x}_1 = \frac{1}{\sqrt{10}}\begin{bmatrix} 1 \\ 3 \end{bmatrix} \quad \boldsymbol{x}_2 = \frac{1}{\sqrt{2}}\begin{bmatrix} 1 \\ -1 \end{bmatrix}$$

이다.

1.7 $\boldsymbol{x} \neq \boldsymbol{0}$인 $\boldsymbol{x}$에 대해 $\boldsymbol{x}^T\boldsymbol{A}\boldsymbol{x}$를 구하면

$$\frac{1}{2}\Big[(x_1 + x_2)^2 + (x_2 + x_3)^2 + (x_3 + x_1)^2\Big] \tag{B.1}$$

인데 이 값은 제곱의 합이므로 음수가 될 수 없다. 0이 되는 경우는 세 항이 모두 0이 되는 경우인데 그것은 불가능하다. 예를 들어 첫째 항과 둘째 항이 0이면 셋째 항은 양수가 된다.

또다른 이유는 고유치를 구하면 2, 1/2, 1/2로 모두 양수이다.

1.9 직교정방행렬 $\boldsymbol{A}$에 대해 $||\boldsymbol{A}||_2 = 1$ 이다.

1.10 $\boldsymbol{A}$ 가 양정치 행렬이고 λ는 이 행렬의 고유치 행렬이라고 하자. 그러

면 임의의 실수 벡터 $\boldsymbol{x}$ ($\neq \mathbf{0}$)에 대해

$$0 < \boldsymbol{x}^T \boldsymbol{A}\boldsymbol{x} = \boldsymbol{x}^T \lambda \boldsymbol{x} = \lambda \boldsymbol{x}^T \boldsymbol{x}$$

이다. $\boldsymbol{x}^T\boldsymbol{x} > 0$이므로 $\lambda > 0$이라야 한다. 역도 성립함을 위의 식으로 알 수 있다. 만일 $\boldsymbol{A}$가 음정치 행렬이면 위의 부등호 방향만 바꾸면 된다.

2.1

$$\begin{array}{rcrcrcr} 2x_1 & + & 4x_2 & + & 2x_3 & = & 4 \\ 4x_1 & + & 7x_2 & + & 7x_3 & = & 13 \\ -2x_1 & - & 7x_2 & + & 5x_3 & = & 7 \end{array}$$

처음식에 2를 곱해서 두번째 식에서 빼주고 두번째 식에 −1을 곱해서 세번째 식에서 빼주어서

$$\begin{array}{rcrcrcr} 2x_1 & + & 4x_2 & + & 2x_3 & = & 4 \\ & - & x_2 & + & 3x_3 & = & 5 \\ & - & 3x_2 & + & 7x_3 & = & 11 \end{array}$$

를 얻고 다시 두번째 식에 3을 곱해서 세번째 식에서 빼주면

$$\begin{array}{rcrcrcr} 2x_1 & + & 4x_2 & + & 2x_3 & = & 4 \\ & - & x_2 & + & 3x_3 & = & 5 \\ & & & - & 2x_3 & = & -4 \end{array}$$

을 얻는다. 이제는 마지막식에서부터 거꾸로 풀어서

$$x_3 = \frac{-4}{-2} = 2$$

$$x_2 = \frac{5 - 3x_3}{3} = 1$$

$$x_1 = \frac{4 - 4x_2 - 2x_3}{2} = -2$$

를 해로 얻게 된다.

앞의 연립 방정식에서 계수를 모아서 행렬로 쓰면

$$\boldsymbol{U} = \begin{bmatrix} 2 & 4 & 2 \\ 0 & -1 & 3 \\ 0 & 0 & -2 \end{bmatrix}$$

와

$$\boldsymbol{L} = \begin{bmatrix} 1 & 0 & 0 \\ 2 & 1 & 0 \\ -1 & 3 & 1 \end{bmatrix}$$

이다.

열소거법을 사용할 때는 첫번째 열에 2를 곱해 두번째 열에서 빼주고 첫번째 열에서 1을 곱해 세번째 열에서 빼주면

$$\begin{bmatrix} 2 & 0 & 0 \\ 4 & -1 & 3 \\ -2 & -3 & 7 \end{bmatrix}$$

가 되고 여기서 두번째 열에 −3을 곱해 세번째 열에서 빼주면

$$\begin{bmatrix} 2 & 0 & 0 \\ 4 & -1 & 0 \\ -2 & -3 & -2 \end{bmatrix}$$

가 된다. 앞에서 사용한 $2, 1, -3$ 등은

$$\begin{bmatrix} 1 & 2 & 1 \\ 0 & 1 & -3 \\ 0 & 0 & 1 \end{bmatrix}$$

된다.

$$\boldsymbol{A} = \begin{bmatrix} 2 & 4 & 2 \\ 4 & 7 & 7 \\ -2 & -7 & 5 \end{bmatrix} = \begin{bmatrix} 2 & 0 & 0 \\ 4 & -1 & 0 \\ -2 & -3 & -2 \end{bmatrix} \begin{bmatrix} 1 & 2 & 1 \\ 0 & 1 & -3 \\ 0 & 0 & 1 \end{bmatrix}$$

을 관찰할 수 있고 $\boldsymbol{A} = \boldsymbol{LU}$ 임을 확인할 수 있다. 따라서 대각선 행렬 $\boldsymbol{D}$는

$$\begin{bmatrix} 2 & 0 & 0 \\ 0 & -1 & 0 \\ 0 & 0 & -2 \end{bmatrix} \tag{B.2}$$

이다.

2.2 행렬 $\boldsymbol{C}$를

$$\boldsymbol{C} = \begin{bmatrix} 1.0 & 0 & 0 \\ 0.5 & 0.8660254 & 0 \\ 0.5 & 0.2886751 & 0.8164966 \end{bmatrix} \tag{B.3}$$

라 하면 $\boldsymbol{A} = \boldsymbol{C}\boldsymbol{C}^T$ 이다.

2.3 $\boldsymbol{X} = (X_1, X_2, X_3)^T$라 할 때 $X_1 + X_2 + X_3$의 분산은

$$\begin{bmatrix} 1 & 1 & 1 \end{bmatrix} \begin{bmatrix} 8 & -7 & -7 \\ -7 & 8 & -7 \\ -7 & -7 & 8 \end{bmatrix} \begin{bmatrix} 1 \\ 1 \\ 1 \end{bmatrix} = -18 \tag{B.4}$$

이라서 분산은 음의 값을 가질 수 없는 사실에 맞지 않는다. 이 행렬

은 반 양정치 행렬이 아니기 때문에 분산 공분산 행렬이 될 수 없다.

4.4 초기치를 1로 하였을 때 다음과 같이 진동하면서 수렴한다.

0.5403023059
0.8575532158
0.6542897905
0.7934803587
0.7013687736
0.7639596829
0.7221024250
0.7504177618
0.7314040424
0.7442373549
0.7356047404
0.7414250866
0.7375068905
0.7401473356
0.7383692041

4.5 초기치를 1로 하였을 때 다음과 같이 단조 수렴한다.

0.8485327638
0.7867699263
0.7602016448
0.7485031338
0.7432988678
0.7409730713
0.7399315460
0.7394647098
0.7392553772
0.7391614937
0.7391193845
0.7391004967
0.7390920246
0.7390882244
0.7390865198
0.7390857552

4.6 x_{k+1}이 $-2x_k+3$으로 계산되기 때문에 초기치를 1(해)로 정확하게 잡은 경우를 제외하면 발산한다.

4.7 $f(x)$를 세제곱한다.

4.8 $f(x)=(x-\alpha)^m$, $f'(x)=m(x-\alpha)^{m-1}$ 및 $f''(x)=m(m-1)(x-\alpha)^{m-2}$ 이므로 바로 알 수 있다.

5.1 $\sin''(\pi x)=-\pi^2\sin(\pi x)$ 이고 이는 $x\in(0,1)$에서 0보다 같거나 작으므로 concave이고 이는 그림 5.2의 (나)에 해당하므로 사다리꼴 법을 사용한 수치적분의 값은 참값보다 작을 것이다. 또 사각형법의 오차의 부호가 사다리꼴법의 오차의 부호와 반대이므로 사각형 법을 사용한 수치적분의 값은 참값보다 클 것이다. 피적분 함수가 $\cos(\pi x)$인 경우는 그 반대이다.

5.2 식 (5.17)은 다음과 같이 얻어지고

$$\begin{bmatrix} -0.474447 & & & \\ -0.478178 & -0.479422 & & \\ -0.479113 & -0.479425 & -0.479426 & \\ -0.479348 & -0.479426 & -0.479426 & -0.479426 \end{bmatrix}$$

따라서 $\cos(x)$의 $x=1/2$에서의 미분값은 약 $-.479426$이다.

6.1

$$\boldsymbol{Q}=\begin{bmatrix} -0.4082483 & -0.1010153 & -0.90726471 \\ -0.8164966 & -0.4040610 & 0.41239305 \\ -0.4082483 & 0.9091373 & 0.08247861 \end{bmatrix}$$

$$\boldsymbol{R}=\begin{bmatrix} -4.898979 & 8.573214 & -7.7567175 \\ 0 & 4.949747 & -0.3030458 \\ 0 & 0 & 1.3196578 \end{bmatrix}$$

6.2 먼저

$$\boldsymbol{X} = \begin{bmatrix} 1 & 1 & 1 \\ 1 & 2 & 3 \\ 1 & 3 & 3 \\ 1 & 5 & 4 \\ 1 & 5 & 4 \\ 1 & 7 & 5 \end{bmatrix} \quad \boldsymbol{y} = \begin{bmatrix} 2 \\ 4 \\ 5 \\ 8 \\ 8 \\ 9 \end{bmatrix}$$

로 두고 $\boldsymbol{X}$의 QR 분해는

$$\boldsymbol{Q_1} = \begin{bmatrix} -0.4082483 & -0.5685651 & 0.677815759 \\ -0.4082483 & -0.3678950 & -0.703885596 \\ -0.4082483 & -0.1672250 & -0.143384103 \\ -0.4082483 & 0.2341150 & 0.006517459 \\ -0.4082483 & 0.2341150 & 0.006517459 \\ -0.4082483 & 0.6354551 & 0.156419021 \end{bmatrix}$$

이고

$$\boldsymbol{R}_1 = \begin{bmatrix} -2.44949 & -9.389711 & -8.164966 \\ 0 & 4.983305 & 2.876270 \\ 0 & 0 & -1.029759 \end{bmatrix}$$

이므로

$$\boldsymbol{R}_1^T \boldsymbol{R}_1 \hat{\boldsymbol{\beta}} = \boldsymbol{R}_1^T \boldsymbol{Q}_1^T \boldsymbol{y}$$

의 해는 $\hat{\boldsymbol{\beta}} = (\beta_0, \beta_1, \beta_2)^T$의 추정치는 $(0.6455696, 0.835443, 0.6455696)^T$ 이다.

6.4 a_{21}을 0으로 만드는 Givens rotation은

$$G_{21} = \begin{bmatrix} 0.6 & 0.8 & 0 \\ -0.8 & 0.6 & 0 \\ 0 & 0 & 1 \end{bmatrix} \tag{B.5}$$

이고 $G_{21}A$의 $(3,1)$ 원소를 0으로 만드는 Givens roatation은

$$G_{31} = \begin{bmatrix} 0.8 & 0 & -0.6 \\ 0 & 1 & 0 \\ 0.6 & 0 & 0.8 \end{bmatrix} \tag{B.6}$$

이고 $G_{31}G_{21}A$의 $(3,2)$ 원소를 0으로 만드는 Givens roatation은

$$G_{32} = \begin{bmatrix} 1 & 0 & 0 \\ 0 & 0.6 & -0.8 \\ 0 & 0.8 & 0.6 \end{bmatrix} \tag{B.7}$$

이므로 Q는

$$Q = G_{21}^T G_{31}^T G_{32}^T = \begin{bmatrix} 0.48 & -0.768 & -0.424 \\ 0.64 & -0.024 & 0.768 \\ -0.60 & -0.640 & 0.480 \end{bmatrix} \tag{B.8}$$

이므로 R은

$$R = \begin{bmatrix} 1000 & 2000 & 1000 \\ 0 & 3000 & 1000 \\ 0 & 0 & 1000 \end{bmatrix} \tag{B.9}$$

으로 얻어지며 $A = QR$ 이 됨을 알 수 있다.

7.1 연습문제 1.5 참조.

7.3 고유치는 $\lambda_1 = 2$, $\lambda_2 = \lambda_3 = 1/2$이고 이에 대응하는 고유벡터는 $\boldsymbol{x}_1$은 3개의 원소가 모두 같은 벡터이면 되고 $\boldsymbol{x}_2$와 $\boldsymbol{x}_3$는 세 원소의 합이 0인 벡터이면 된다. 그 중 직교인 경우는

$$\boldsymbol{Q} = [\boldsymbol{x}_1 \vdots \boldsymbol{x}_2 \vdots \boldsymbol{x}_3] = \begin{bmatrix} 0.5773503 & 0.8161298 & 0.0244713 \\ 0.5773503 & -0.3868721 & -0.7190248 \\ 0.5773503 & -0.4292577 & 0.6945535 \end{bmatrix} \tag{B.10}$$

이다. ($\boldsymbol{Q}^T\boldsymbol{Q} = \boldsymbol{Q}\boldsymbol{Q}^T = \boldsymbol{I}$ 임을 계산해 보아라.) 이제

$$\boldsymbol{Q}^T\boldsymbol{A}\boldsymbol{Q} = \begin{bmatrix} 2 & 0 & 0 \\ 0 & 0.5 & 0 \\ 0 & 0 & 0.5 \end{bmatrix} \tag{B.11}$$

이다.

8.1 $F(X)$ 가가 취하는 값이 0과 1 사이이므로 $\Pr[F(X) \leq u]$의 값은 u가 0보다 작으면 0, 1보다 크면 1이다. u가 0과 1 사이에서는

$$\Pr[F(X) \leq u] = \Pr[X \leq F^{-1}(u)] \tag{B.12}$$

$$= F(F^{-1}(u)) \tag{B.13}$$

$$= u \tag{B.14}$$

이다 따라서 $F(X)$의 분포는 0과 1 사이의 일양분포이다.

8.2 이렇게 얻어진 10개의 숫자는 난수가 아니다. 난수라면 서로 독립이어야하는 이 10개의 숫자는 독립이 아니기 때문이다. 만일 10개중의 한 개의 값만 안다면 나머지는 모두 알 수 있음에 유의하자.

10.1 다음은 JAVA로 구현해본 double section sort 알고리즘이다.

```
void DSelectionSort(int a[]) {
```

```
int n = a.length-1;
int maxindex, minindex;
for (int i=0; i <= n/2; i++) {
  maxindex = n-i;
  minindex = i;
  for (int j=i; j <=n-i; j++) {
    if (a[j] > a[maxindex]) maxindex = j;
    if (a[j] < a[minindex]) minindex = j;
  }
  System.out.println("MAX "+maxindex+",
                          MIN "+minindex);
  /* The following if clause prevent
                  exchanging the same twice */
  if (minindex == n-i && maxindex == i) {
        swap(a, i , minindex); }
  else {
        swap(a, i , minindex);
        swap(a, n-i , maxindex);
  }
  for (int k=0; k < a.length; k++)
  System.out.print(a[k]+", ");
  System.out.println();
}
}
```

참고문헌

[1] Anserson, T.W. and Darling, D. A. (1952) *Asymptotic Theory of Certain "Goodness-of-Fit" Criteria Based on Stochastic Processes*, Ann. Math. Stat. **23**, 193-212.

[2] Becker, R.A, Chambers, J.M. and Wilks, A.R. (1988), *The New S Language*, Wadworth & Brooks/Cole, Pacific Grove, CA.

[3] Butler, J. W. (1956) Machine Sampling from Given Distribution, in *Symposium on Monte Carlo Methods*, ed. M.A.Meyer, Wiley, New York.

[4] Conte, S. D. and De Boor, C.(1981) *Elementary Numerical Analysis*, McGraw Hill, London, UK.

[5] Forsythe, G.E., Malcolm, M.A. and Moler, C.B. (1977) *Computer Methods for Mathematical Computation*, Prentice-Hall, Englewood Cliffs, NJ.

[6] Hager, W. W. (1988) *Applied Numerical Linear Algebra*, Prentice-Hall, Englewood Cliffs, NJ.

[7] Horowitz, E. and Sahni, S. (1976) *Fundamentals of Data Structures*, Computer Science Press.

[8] Jöhnk, M.D. (1964) Erzeugung von Betraverteilten und Gammaverteilten Zuffalszahlen, *Metrka*, **8**, pp. 5–15.

[9] Kalos, M. H. and Whitelocks, P.A. (1986) *Monte Carlo Methods Vol. I: Basics.*

[10] Kennedy Jr. W.J. , and Gentle, J.E. (1980) *Statistical Computing*, Marcel Dekker, New York, NY 10016.

[11] Levene, M.(1952) On the Power Function of Tests of Randomness Based on Runs Up and Down, *Ann. Math. Stat.* **23**, 34–56.

[12] Levene, M. and Wolfowitz, T. (1944) The Covariance Matrix of Runs Up and Down, *Ann. Math. Stat.* **15**, 58–69.

[13] Michailov, S.A. (1974) *Some Problems in the Theory of Monte Carlo Mathods*, Nauka, Novosibirk, U.S.S.R., (러시아).

[14] von Neumann, J. Various Techniques Used in Connnection with Random Digits, *U.S. Nat. Bur. Stand. Appl. Math. Ser.*, No. 12 pp 26–38.

[15] Ortega, J. M. and Rheinboldt, W.C. (1967) *Monotone Iterations for Nonlinear Equations with Applications to Gauss-Seidel Methods*, SIAM J. Numer. Anal. **4**, pp.171-190.

[16] Olmstead, P.S. (1946) Distribution of Sample Arrangements for Runs Up and Down, *Ann. Math. Stat.*, **17**, 24-33.

[17] Ripley, B.D. (1987), *Stochastic Simulation*, John Wiley & Sons, New York, NY.

[18] Rubinstein, Y. (1969) Convergence of the Random Search Algorithm, *Automat. Control*, **3**, No. 1 pp 46–49.

[19] Rubinestein, R. Y. (1981) *Simulation and Monte Carlo Method*, John Wiley & Sons, New York.

[20] Tocher, K. D. (1963) *The Art of Simulation*, Van Norstrand, Princeton, NJ.

[21] Walker, A. J. (1974) New Fast Method for Generating Discrete Random Numbers with Arbitrary Frequency Distributions, *Electronic Letters*, 10, pp127-128.

[22] Walker, A. J. (1977) An Efficient Method for Generating Discrete Random Variables with General Distributions, *TOMS*, 3, pp 253–256.

[23] Wallace, N.D. (1974) Computer Generation of Gamma Random Variates with Nonintegral Shape Paramters, *Comm. Assoc. Comp. Mach.*, **17**, pp. 237–257.

[24] Wilkinson, J.H. (1965) *The Algebraic Eigenvalue Problem*, Oxford Univ. Press, London.

찾아보기

acceptance-rejection method, 140
adaptive rejection sampling, 147
additive congruential generator, 133
alias 방법, 166
antithetic variates, 192
ARS, 147

backward substitution, 27
beta 분포, 18
bisection 방법, 62
Box-Muller 변환, 149
bubble sort, 195

Cauchy 분포, 153
Cauchy-Schwartz 부등식, 18
Chebychev 부등식, 15, 186
Cholesky 분해, 35, 113
column diagonally dominant, 53
column elimination, 23
composition method, 139
concave 함수, 91
congruential generator, 131
convex 함수, 91
correlation coefficient, 16
covariance, 15
Cramer-von Mises 적합도 검정, 179

determinant, 4
diagonal matrix, 4
double selection sort, 194, 201

eigen value, 5, 121
eigen vector, 5, 121
elementary reflectors, 98
Erlang 분포, 156, 158
exchange sort, 195
exclusive OR, 135
expected value, 14

F 분포, 164
fixed point algorithm, 57
forward substitution, 26

Gauss-Seidel 방법
    비선형, 76
    선형, 43
Gaussian elimination, 21
Givens rotation, 103

Hit or Miss Monte Carlo, 185
Householder reflection, 96

idempotent 행렬, 4, 97
importance sampling, 190
inverse cdf method, 137
inverse matrix, 3
inverse power method, 123
inverse shift power method, 124

Jacobi 방법
  비선형, 76
  선형, 41

Kolmogorov-Smironov 검정, 178

LDU decomosition, 25
lower diagonal matrix, 4
lower triangular matrix, 4
LU decomposition, 23

marginal probability density function, 15
Marsaglia의 극좌표법, 150
modified Newton method, 61, 75
Monte Carlo, 183
  Hit or Miss, 185
multinomial distribution, 19
multiplicative generator, 132

negative definite, 2
negative semi definite, 2
Newton method, 58
norm, 8
  행렬, 10

order statistics, 17
orthogonal matrix, 3, 95

pivot, 31
polynomial, 13
positive definite, 2, 34
positive semi definite, 2
power method, 120
projection 행렬, 97

QR 방법, 125
QR 분해, 96, 103
quick sort, 196

Raleigh 계수, 123
rank statistics, 199
rectangle rule, 87
relaxation parameter, 77
Relaxation 방법, 46
Richardson의 외삽법, 83
row diagonally dominant, 52
row elimination, 23
run, 179
run-down, 180
run-up, 180

sample mean Monte Carlo 알고리즘, 187

selection sort, 193
shift power method, 124
shift register 방법, 133
Simpson's rule, 91
singular value decomposition, 116
SOR 방법
  비선형, 76
  선형, 47
sort
  bubble, 195
  double selection, 194, 201
  exchange, 195
  quick, 196
  selection, 193
spectral decomposition, 7, 128
square matrix, 1
successive overrelaxation 방법
  비선형, 76
  선형, 47
successive underrelaxation, 47
symmetric matrix, 33

t 분포, 163
Tausworthe 난수, 136
transformation method, 139
trapezoid rule, 86

Up-and-Down 적합도 검정, 179, 180
upper diagonal matrix, 4
upper triangular matrix, 4

variance, 15

Weibull 분포, 165

가우스 소거법, 21
감마분포, 157
고유벡터, 5, 121
고유치, 5, 121
고정점 알고리즘, 57
공분산, 15

기대값, 14
기하분포, 173

뉴튼 방법, 58
다변량 정규분포, 152
다항분포, 19, 176
다항식, 13
대각선 행렬, 4
대칭행렬, 2, 33

로그정규분포, 154

멱등행렬, 4, 6, 97

반양정치 행렬, 2
반음정치 행렬, 2

베르누이 분포, 170
베르누이 시행, 170
베타분포, 18, 160
변형된 뉴튼 방법, 61, 75
변환법, 139

분산, 12, 15
분포
- F, 164
- t, 163
- beta, 18
- Cauchy, 153
- Erlang, 156, 158
- multinomial, 176
- Weibull, 165
- 감마, 157
- 기하, 173
- 다변량 정규, 152
- 다항, 19, 176
- 로그정규, 154
- 베르누이, 170
- 베타, 18, 160
- 음이항, 174
- 이산, 165
- 이항, 171
- 일양, 131
- 정규분포, 149
- 지수, 139, 155
- 초기하, 175
- 카이제곱, 162
- 포아송, 172

사각형법, 87
사다리꼴, 86
상관계수, 16
상대각행렬, 4

순서 통계량(order statistics), 17
순위 통계량(rank statitistics), 199

스펙트럴 분해, 7
심슨법, 91

양정치 행렬, 2, 34

역행렬, 3, 5
원소, 1

위로 볼록한 함수, 91
위로 오목한 함수, 91
음이항분포, 174
음정치 행렬, 2
이산분포, 165
이항 분포, 171
일양분포, 131
적합도검정, 177
- Cramer-von Mises, 179
- Kolmogorov-Smirov, 178
- Up-and-Down, 179, 180
- 카이제곱, 177

전치행렬, 1

정규분포, 149
정방행렬, 1
지수분포, 139, 155
직교 행렬, 95
직교행렬, 3

채택기각법, 140
체비세프 부등식, 15, 186
초기하분포, 175
최소자승법, 110
최소제곱법, 110

카이제곱 검정, 177
카이제곱분포, 162

평균, 12
평균 Monte Carlo 알고리즘, 187
포아송 분포, 172

표준편차, 12
하대각행렬, 4
한계확률밀도함수, 15
행렬
- column diagonally dominant, 53
- idempotent, 97
- LDU decomosition, 25
- LU decomposition, 23
- positive definite, 34
- postive semi definite, 34
- projection, 97
- QR 분해, 103
- row diagonally dominant, 52
- singular value decomposition, 116
- symmetric, 33
- 대각선, 4
- 대칭, 2, 33
- 반양정치, 2
- 반음정치, 2
- 상대각, 4
- 양정치, 2, 34
- 음정치, 2
- 전치, 1
- 정방, 1
- 직교, 95
- 하대각, 4

행렬식, 4

심송용

서울대학교 계산통계학과 (학사, 석사)
University of Wisconsin-Madison 통계학 박사
현 : 한림대학교 정보통계학과 교수

통계 계산

2007년 1월 5일 초판 인쇄
2007년 1월 10일 초판 발행

저 자 / 심송용
발행자 / 오판근
발행처 / 교우사

주 소 / 서울 동대문구 제기2동 148-19
전 화 / 925-2861, 929-4865
팩 스 / 925-2860
E-mail / kw2861 @ chollian. net
http: // www. kyowoo. co. kr
등록 / 1994. 3. 24 제6-0256호

ISBN 978-89-8172-642-3 (93310)

값 13,000원